电力电子技术实验

邓富金　顾卫钢　编著

东南大学出版社
SOUTHEAST UNIVERSITY PRESS
·南京·

内 容 提 要

本书是作者总结多年来在电力电子技术实践性教学环节的改革经验,基于电力电子技术的发展和教学改革的不断深入,针对加强学生实践能力和创新能力培养的教学目的而编写的。全书内容共 14 章,第 1 章介绍实时数字控制系统,第 2 章至第 14 章为 13 种典型的电力电子技术实验。另外,针对各个电力电子技术实验,本教材附加了二维码,扫码可获得实验视频和软件仿真模型。

本教材可作为高等院校电气类专业及其他相近专业本科生和研究生的实验教材,也可供相关工程技术人员参考。

图书在版编目(CIP)数据

电力电子技术实验 / 邓富金,顾卫钢编著. —南京:
东南大学出版社,2024.1
 ISBN 978-7-5766-1299-8

Ⅰ. ①电… Ⅱ. ①邓…②顾… Ⅲ. ①电力电子技术
-实验-高等学校-教材 Ⅳ. ①TM1-33

中国国家版本馆 CIP 数据核字(2023)第 257254 号

责任编辑:姜晓乐 责任校对:咸玉芳 封面设计:刘广珑 责任印制:周荣虎

电力电子技术实验
Dianli Dianzi Jishu Shiyan

编 著:	邓富金 顾卫钢
出版发行:	东南大学出版社
出 版 人:	白云飞
社 址:	南京市四牌楼 2 号 邮编:210096
网 址:	http://www.seupress.com
经 销:	全国各地新华书店
印 刷:	广东虎彩云印刷有限公司
开 本:	787 mm×1092 mm 1/16
印 张:	8.5
字 数:	186 千字
版 次:	2024 年 1 月第 1 版
印 次:	2024 年 1 月第 1 次印刷
书 号:	ISBN 978-7-5766-1299-8
定 价:	36.00 元

本社图书若有印装质量问题,请直接与营销部联系。电话(传真):025-83791830

前　言

　　电力电子技术是现代电力技术的重要组成,其结合了功率器件、电路原理、控制技术等知识,在能源、交通、工业、生活等领域均有广泛应用。在电气工程专业的本科培养阶段,与电力电子课程配套的电力电子实验能够很好地锻炼学生的动手能力和理论应用能力,为学生打下坚实的工程实践基础。

　　本书着眼于进一步提高学生的理论和实践素养,以本科电力电子技术的教学内容为基础,进行电力电子课程实验设计。为适应当代电气工程专业的专业基础课程教学需要,在编写过程中一方面考虑了理论知识与实践教学的紧密结合,使课堂教学进度与实验教学进度相适应,另一方面更加注重了实验内容的系统性,从理论教学、设计实验、总结思考等方面全方位锻炼学生的综合能力。此外,为适应现代技术的发展与学科交叉性,本书较为新颖地在各个实验中引入了硬件设计与编程技术。

　　本书包含14个电力电子技术基础实验:RTUSmartPE100实时数字控制系统实验、单相半波可控整流电路实验、单相桥式全控整流电路实验、单相桥式半控整流电路实验、三相桥式全控整流电路实验、降压型(BUCK)斩波电路实验、升压型(BOOST)斩波电路实验、升降压型(BOOST-BUCK)斩波电路实验、Cuk斩波电路实验、正激电路实验、反激电路实验、单相交流调压电路实验、电压源型单相全桥逆变电路实验,以及电压源型三相桥式逆变电路实验。为了使学生充分掌握电力电子技术从理论到实践的全过程,鼓励学生利用实时数字控制系统RTUSmartPE100和RTULab软件,熟悉控制算法的设计流程。同时,在每个实验后加入了思考题,以进一步巩固学生对实验现象的理解,并激发学生的思考。

　　限于作者水平且时间仓促,书中的错误与疏漏在所难免,恳请广大读者批评指正。

邓富金　顾卫钢

2023 年 4 月

于东南大学四牌楼

目　录

RTUSmartPE100 实时数字控制系统实验

一、实验目的

（1）熟悉 RTUSmartPE100 实时数字控制系统的硬件组成。

（2）掌握配套的集成开发环境软件 RTULab 的使用方法。

二、实验内容

（1）教师讲解与学生自主学习相结合，初步熟悉 RTUSmartPE100 实时数字控制系统（详见附录 A）的硬件组成。

（2）利用 RTULab 软件，设计控制算法，输出正弦波、方波等常见波形信号。

三、实验设备及仪器

（1）实时数字控制系统 RTUSmartPE100

（2）万用表

（3）示波器

（4）导线若干

四、实验原理介绍

1. RTULab

在 RTULab 中，可以完成新建管理工程、将 Simulink 模型转换为 C 语言程序、编译下载程序、观测波形、导出数据等操作。RTULab 界面如图 1-1 所示。

（1）新建工程

单击 RTULab 界面菜单栏"新建"按钮，弹出如图 1-2 所示"新建工程"对话框，填入工程名称、设备类型以及 IP 地址等相关信息。

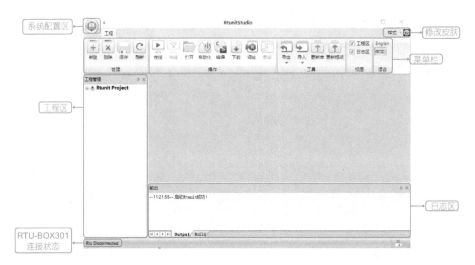

图 1-1 RTULab 界面

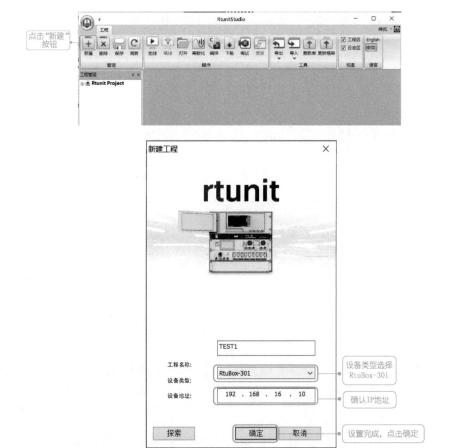

图 1-2 创建新工程

（2）创建 Logic 模型

第一步：双击工程区域新建的 TEST1 工程，使其处于 Active Project 模式，如图 1-3 所示。

图 1-3 创建 Logic 模型第一步

注意：RtuLab 菜单栏的所有操作仅对当前处于 Active Project 模式下的工程有效。

第二步：双击"Logic"按钮进入 Matlab/Simulink 界面，如图 1-4 所示。

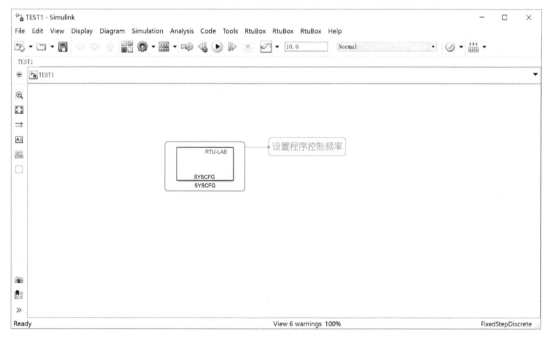

图 1-4 创建 Logic 模型第二步

第三步：用户可在模型搭建界面构建模型，如图 1-5 所示。模型搭建完成之后单击"RtuBox"按钮下的"Rtu-lab Code Generate"生成代码，Logic 模型进入代码生成阶段。

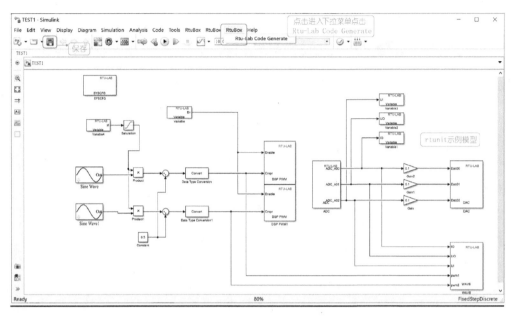

图 1-5　创建 Logic 模型第三步

第四步：待 Matlab 主界面的命令行窗口显示"TEST1 generate code succeed!"，模型代码生成完成，如图 1-6 所示。

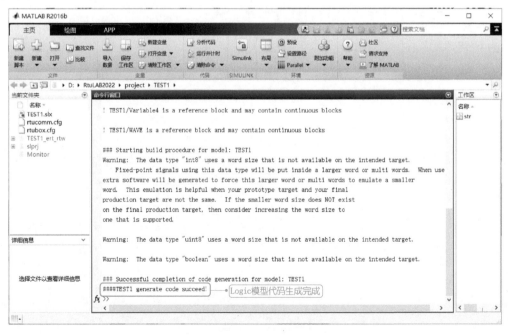

图 1-6　创建 Logic 模型第四步

（3）编译和下载

第一步：Logic 模型代码生成完成后，在 RTULab 界面单击"编译"按钮，进入编译状态，待 RTULab 日志区显示编译成功后，完成编译，如图 1-7 所示。

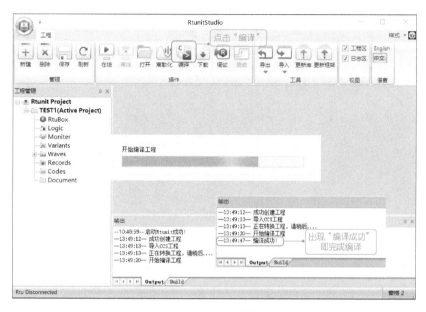

图 1-7　编译和下载第一步

第二步：编译完成后，单击 RTULab 菜单栏中的"下载"按钮，将程序下载至 RTUSmartPE100 中。程序成功完成更新，RTUSmartPE100 发出提示音并自动重启。待 POWER 板上屏幕显示运行正常，表示更新的程序开始工作，如图 1-8 所示。

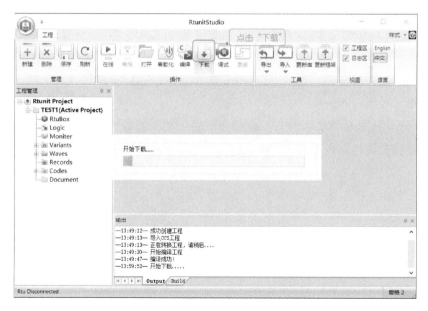

图 1-8　编译和下载第二步

2. RTUSmartPE100 Toolbox 功能模块

本书内所有实验使用到的 RTUSmartPE100 Toolbox 功能模块的介绍详见附录 B。

五、实验方法

1. 正弦波信号输出测试

在计算机上利用 RTULab 软件实现输出一路正弦波信号的功能，对所设计的控制算法进行记录，并将截图粘贴在下方方框中。

利用示波器对所设计的正弦波信号进行观测，记录相应的正弦波信号波形并贴于下方方框中。

2. 三角波信号输出测试

在计算机上利用 RTULab 软件实现输出一路三角波信号的功能，对所设计的控制算法进行记录，并将截图粘贴在下方方框中。

利用示波器对所设计的三角波信号进行观测，记录相应的三角波信号波形并贴于下方方框中。

3. 锯齿波信号输出测试

在计算机上利用 RTULab 软件实现输出一路锯齿波信号的功能，对所设计的控制算法进行记录，并将截图粘贴在下方方框中。

利用示波器对所设计的锯齿波信号进行观测，记录相应的锯齿波信号波形并将波形图贴于下方黑色方框中。

4. 方波信号输出测试

在计算机上利用 RTULab 软件实现输出一路方波信号的功能,对所设计的控制算法进行记录,并将截图粘贴在下方方框中。

利用示波器对所设计的方波信号进行观测,记录相应的方波信号波形并将其贴于下方方框中。

六、思考

(1) 能否设计控制算法实现输出正弦波信号幅值、频率的实时调节?

(2) 能否设计控制算法实现输出方波信号幅值、频率、占空比的实时调节?

单相半波可控整流电路实验

一、实验目的

（1）熟悉单相半波可控整流电路的硬件组成和工作原理。

（2）掌握单相半波可控整流电路控制算法的设计流程。

（3）对单相半波可控整流电路供电阻性负载和阻感性负载时的工作情况作全面分析。

二、实验内容

（1）利用 RTULab 软件，设计单相半波可控整流电路的控制算法。

（2）观察并分析单相半波可控整流电路供电阻性负载和阻感性负载时各点电压及电流波形，总结整流电压与控制角之间的关系。

三、实验设备及仪器

（1）实时数字控制系统 RTUSmartPE100

（2）单相半波可控整流电路 PCB 电路板

（3）单相交流电源

（4）电阻负载和电感负载

（5）万用表

（6）示波器

（7）电压探头和电流探头

（8）导线若干

四、实验电路工作原理介绍

1. 电路工作原理

单相半波可控整流电路如图 2-1 所示。其中，T_1 为晶闸管，R 为电阻负载，u_{in} 为输入交流电压,u_o 为输出电压,i_o 为负载电流。其中,$u_{in}=\sqrt{2}U_{in}\sin(\omega t)$,$U_{in}$ 为输入电压的有效值,ω 为角频率。单相半波可控整流电路的工作波形如图 2-1 所示,具体如下:

- $0\sim\alpha$:晶闸管 T 由于无门极触发电压 u_g 而不导通,处于正向阻断状态,输出电压 u_o 为 0,输出电流 i_o 为 0。α 为控制角。
- $\alpha\sim\pi$:在 $\omega t=\alpha$ 时,晶闸管 T 承受正向阳极电压且门极加上触发电压 u_g,满足晶闸管导通条件,晶闸管 T 导通。此时,输出电压 u_o 等于输入电压 u_{in},输出电流为 $i_o=u_{in}/R$。
- $\pi\sim2\pi$:在 $\omega t=\pi$ 时刻,输入电压 u_{in} 过零,晶闸管 T 的阳极电流小于其维持电流,晶闸管 T 关断,输出电压 u_o 为 0,输出电流 i_o 为 0。

单相半波可控整流电路输出电压 u_o 的平均值 U_o 为:

$$U_o=\frac{1}{2\pi}\int_\alpha^\pi u_{in}\mathrm{d}\omega t=0.45U_{in}\frac{1+\cos\alpha}{2}$$

由上式可知,控制角 α 增大,U_o 减小;控制角 α 减小,U_o 增大。可以看出,单相半波可控整流电路带电阻性负载时,晶闸管 T 的控制角 α 的移相范围为 $0°\sim180°$。

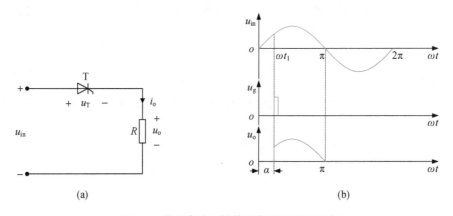

图 2-1　单相半波可控整流电路及其工作波形

2. 电路实验平台

单相半波可控整流电路原理图如图 2-2 所示,PCB 结构如图 2-3 所示,其所用元器件如表 2-1 所示。

表 2-1　单相半波可控整流电路元器件列表

PCB 符号	元器件名称	推荐型号
T	晶闸管	TYN625
U_1	驱动电路	—
J_1	D-Sub 端口	DB37-2.77
IN-L、IN-N、UO+、UO−	香蕉头插孔	1P

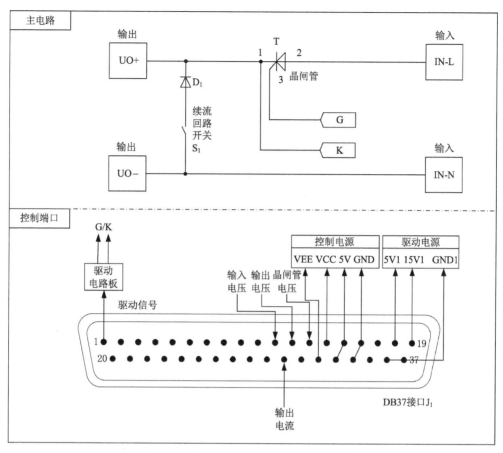

图 2-2 单相半波可控整流电路原理图

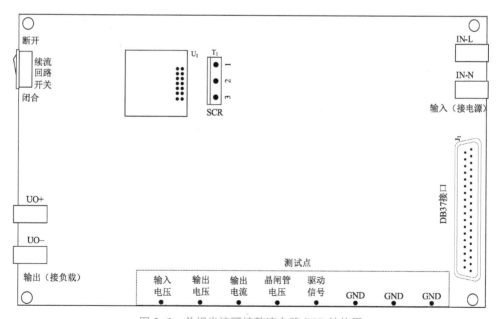

图 2-3 单相半波可控整流电路 PCB 结构图

（1）PCB 介绍

● 电路连接方式：端口 IN-L、IN-N 连接单相交流电源，端口 UO＋、UO－连接负载，DB37 端子 J_1 提供晶闸管工作需要的驱动信号以及电路板工作所需要的控制电源和驱动电源，并将测量信号反馈给控制器。

● 信号测量方式：单相半波可控整流电路正常工作时，可通过测量点"输入电压""晶闸管电压""输出电压""输出电流"测量其代表的电路参数（以上测量点的信号均为经过采样电路调理后的弱电信号，详见附录 C）；可通过测量点"驱动信号"测量控制器所发出的晶闸管驱动信号。

（2）器件介绍

● 晶闸管 T：标准相控晶闸管，其额定电流为 25 A，额定电压为 600 V，门极驱动电流为 40 mA，最大门极驱动电流为 4 A。

上述各元器件详细工作原理与性能指标可参阅官方手册。

五、实验方法

1. 电路连接

① 确认单相交流电源为关闭状态。

② 将 DB37 信号接口 J_1 通过专用电缆与控制器控制接口（Control Port）连接，将端口 IN-L、IN-N 与单相交流电源相连，将端口 UO＋、UO－与负载相连。接线图请见图 2-4。

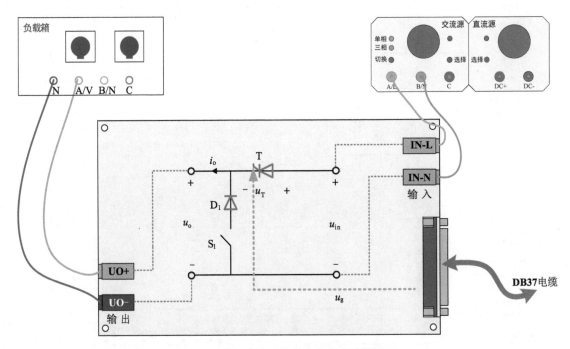

图 2-4　单相半波可控整流电路实验接线图

2. 电路性能测试

（1）控制算法设计

在计算机上利用 RTULab 软件，设计单相半波可控整流电路的控制算法（功能：输出一路控制角可调的晶闸管驱动信号），并将控制算法填写在下方的方框中。

（2）观测电路电压及电流波形

① 设置输入交流电压幅值为 15 V，选取负载为 15 Ω 的电阻，设置控制角为 45°，用示波器测量此时的输入电压 u_{in} 的有效值、输出电压 u_o 和输出电流 i_o 的平均值，将数值填写在表 2-2 中，并用示波器记录输入电压 u_{in}、输出电压 u_o、输出电流 i_o、晶闸管电压 u_T 相应的波形，将波形图贴于表 2-2 下方的方框中。

② 选取其他任意几种控制角，用示波器测量此时的输入电压 u_{in} 的有效值、输出电压 u_o 和输出电流 i_o 的平均值，将数值填写在表 2-2 中，并用示波器记录输入电压 u_{in}、输出电压 u_o、输出电流 i_o、晶闸管电压 u_T 相应的波形，将波形图贴于表 2-2 下方的方框中。

③ 观察并分析不同控制角下输入电压 u_{in} 和输出电压 u_o 的测量结果，验证单相半波可控整流电路整流电压与控制角之间的关系。

表 2-2　实验参数测试情况表

实验序号	负载	控制角	输入电压（有效值）	输出电压（平均值）	输出电流（平均值）
1					
2					
3					
4					
5					
6					
7					
8					
9					

　　④ 调整负载为 10 mH 的电感串联 15 Ω 的电阻,选取以上纯电阻负载情况下的几种控制角,用示波器测量此时的输入电压 u_{in} 的有效值、输出电压 u_o 和输出电流 i_o 的平均值,将数值填写在表 2-2 中,并用示波器记录输入电压 u_{in}、输出电压 u_o、输出电流 i_o、晶闸管电压 u_T 相应的波形,将波形图贴于表 2-2 下方方框中,并和纯电阻负载情况进行比较。

　　⑤ 闭合开关 S_1,保持负载为 10 mH 的电感串联 15 Ω 的电阻,选取与步骤④相同的几种控制角,并用示波器记录输入电压 u_{in}、输出电压 u_o、输出电流 i_o、晶闸管电压 u_T 相应的波形,将波形图贴于表 2-2 下方的方框中,并和断开开关 S_1 的情况进行比较。

六、思考

　　(1) 为了使晶闸管能够可靠触发,设计控制算法时需要注意些什么?

　　(2) 单相半波可控整流电路为阻感性负载供电时,续流回路开关 S_1 是如何影响电路工作的?

实验三

单相桥式全控整流电路实验

一、实验目的

（1）熟悉单相桥式全控整流电路的硬件组成和工作原理。

（2）掌握单相桥式全控整流电路控制算法的设计流程。

（3）对单相桥式全控整流电路供电阻性负载和阻感性负载时的工作情况作全面分析。

二、实验内容

（1）利用 RTULab 软件，设计单相桥式全控整流电路的控制算法。

（2）观察并分析单相桥式全控整流电路供电阻性负载和阻感性负载时各点电压及电流波形，总结整流电压与控制角之间的关系。

三、实验设备及仪器

（1）实时数字控制系统 RTUSmartPE100

（2）单相桥式全控整流电路 PCB 电路板

（3）单相交流电源

（4）电阻负载和电感负载

（5）万用表

（6）示波器

（7）电压和电流探头

（8）导线若干

四、实验电路工作原理介绍

1. 工作原理

单相桥式全控整流电路如图 3-1 所示。其中，$T_1 \sim T_4$ 为晶闸管，R 为负载。晶闸管 T_1

和 T_4 组成一对桥臂,T_2 和 T_3 组成另一对桥臂。u_{in} 为输入交流电压,u_o 为输出电压,i_o 为负载电流。其中,$u_{in}=\sqrt{2}U_{in}\sin(\omega t)$,$U_{in}$ 为输入电压的有效值,ω 为角频率。单相桥式全控整流电路工作波形如图 3-1 所示,具体如下:

- $0\sim\alpha$:晶闸管 $T_1\sim T_4$ 由于无门极触发电压 $u_{g1}\sim u_{g4}$ 而不导通,输出电压 u_o 为 0,输出电流 i_o 为 0。α 为控制角。

- $\alpha\sim\pi$:在 $\omega t=\alpha$ 时刻,晶闸管 T_1 和 T_4 承受正向阳极电压且门极加上触发电压 u_{g1} 和 u_{g4},满足晶闸管导通条件,晶闸管 T_1 和 T_4 导通。此时,输出电压 u_o 等于输入电压 u_{in},输出电流为 $i_o=u_{in}/R$。

- $\pi\sim\alpha+\pi$:在 $\omega t=\pi$ 时刻,输入电压 u_{in} 过零,晶闸管 T_1 和 T_4 的阳极电流小于其维持电流,晶闸管 T_1 和 T_4 关断,输出电压 u_o 为 0,输出电流 i_o 为 0。

- $\alpha+\pi\sim2\pi$:在 $\omega t=\alpha+\pi$ 时刻,晶闸管 T_2 和 T_3 承受正向阳极电压且门极加上触发电压 u_{g2} 和 u_{g3},满足晶闸管导通条件,晶闸管 T_2 和 T_3 导通。此时,输出电压 u_o 等于 $-u_{in}$,输出电流为 $i_o=-u_{in}/R$。

单相桥式全控整流电路输出电压 u_o 的平均值 U_o 为:

$$U_o=\frac{1}{\pi}\int_\alpha^\pi u_{in}\mathrm{d}\omega t=0.9U_{in}\frac{1+\cos\alpha}{2}$$

由上式可知,控制角 α 增大,U_o 减小;控制角 α 减小,U_o 增大。可以看出,单相桥式全控整流电路带电阻性负载时,晶闸管 T 的控制角 α 的移相范围为 $0°\sim180°$。

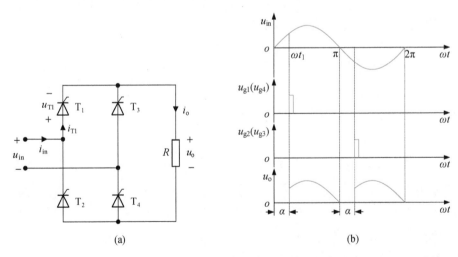

图 3-1　单相桥式全控整流电路及其工作波形

2. 电路实验平台

单相桥式全控整流电路的原理图如图 3-2 所示,PCB 结构如图 3-3 所示,其所用元器件如表 3-1 所示。

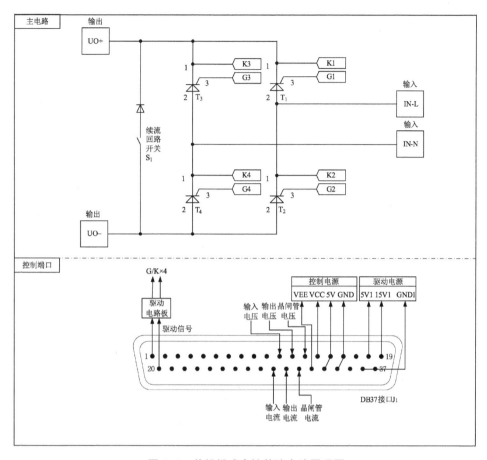

图 3-2 单相桥式全控整流电路原理图

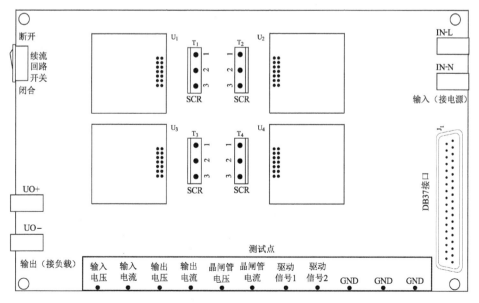

图 3-3 单相桥式全控整流电路 PCB 结构图

表 3-1　单相桥式全控整流电路元件清单

PCB 符号	元器件名称	推荐型号
$T_1\sim T_4$	晶闸管	TYN625
$U_1\sim U_4$	驱动电路	—
J_1	D-Sub 端口	DB37-2.77
IN-L、IN-N、UO＋、UO－	香蕉头插孔	1P

（1）PCB 板介绍

- 电路连接方式：端口 IN-L、IN-N 连接单相交流电源，端口 UO＋、UO－连接负载，DB37 端子 J_1 提供晶闸管工作需要的驱动信号和电路板工作所需要的控制电源和驱动电源，并将测量信号反馈给控制器。

- 信号测量方式：单相桥式全控整流电路正常工作时，可通过测量点"输入电压""输入电流""输出电压""输出电流""晶闸管电压""晶闸管电流"测量其代表的电路参数波形（以上测量点的信号均为经过采样电路调理后的弱电信号，详见附录 C）；可通过测量点"驱动信号 1""驱动信号 2"测量控制器所发出的晶闸管驱动信号。

（2）具体器件介绍

- 晶闸管 $T_1\sim T_4$：标准相控晶闸管，其额定电流为 25 A，额定电压为 600 V，门极驱动电流为 40 mA，最大门极驱动电流为 4 A。

上述各元器件详细工作原理与性能指标可参阅官方手册。

五、实验方法

1. 电路连接

① 确认单相交流电源为关闭状态。

② 将 DB37 端子 J_1 通过专用电缆与控制器控制接口（Control Port）连接，将端口 IN-L、IN-N 与单相交流电源相连，将端口 UO＋、UO－与负载相连。接线图请见图 3-4。

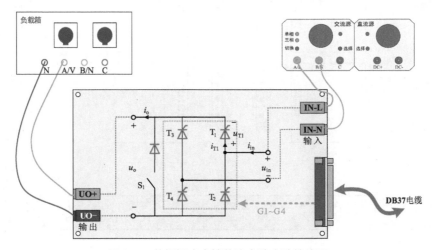

图 3-4　单相桥式全控整流电路实验接线图

2. 电路性能测试

(1) 控制算法设计

在计算机上利用 RTULab 软件,设计单相桥式全控整流电路的控制算法(功能:输出控制角可调的晶闸管的驱动信号),并将控制算法填写在下方的方框中。

(2) 观测电路电压及电流波形

① 设置输入交流电压幅值为 30 V,选取负载为 15 Ω 的电阻,设置控制角为 30°,用示波器测量此时的输入电压 u_{in} 的有效值、输出电压 u_o 和输出电流 i_o 的平均值,将数值填写在表 3-2 中,并用示波器记录输入电压 u_{in}、输入电流 i_{in}、输出电压 u_o、输出电流 i_o、晶闸管电压 u_{T1}、晶闸管电流 i_{T1} 相应的波形,将波形图贴于表 3-2 下方的方框中。

② 选取其他任意几种控制角,用示波器测量此时的输入电压 u_{in} 的有效值、输出电压 u_o 和输出电流 i_o 的平均值,将数值填写在表 3-2 中,并示波器记录输入电压 u_{in}、输入电流 i_{in}、输出电压 u_o、输出电流 i_o、晶闸管电压 u_{T1}、晶闸管电流 i_{T1} 相应的波形,将波形图贴于表 3-2 下方的方框中。

③ 观察并分析不同控制角下输入电压 u_{in} 和输出电压 u_o 的测量结果,验证单相桥式全控整流电路整流电压与控制角之间的关系。

④ 调整负载为 10 mH 的电感串联 15 Ω 的电阻,选取以上纯电阻负载情况下的几种控制角,用示波器测量此时的输入电压 u_{in} 的有效值、输出电压 u_o 和输出电流 i_o 的平均值,将数值填写在表 3-2 中,并用示波器记录输入电压 u_{in}、输入电流 i_{in}、输出电压 u_o、输出电流 i_o、晶闸管电压 u_{T1}、晶闸管电流 i_{T1} 相应的波形,将波形图贴于表 3-2 下方的方框中,并和纯电阻负载情况进行比较。

⑤ 闭合开关 S_1,保持负载为 10 mH 的电感串联 15 Ω 的电阻,选取与步骤④相同的几种控制角,并用示波器记录输入电压 u_{in}、输入电流 i_{in}、输出电压 u_o、输出电流 i_o、晶闸管电压 u_{T1}、晶闸管电流 i_{T1} 相应的波形,将波形图贴于表 3-2 下方的方框中,并和断开开关 S_1 的情况进行比较。

表 3-2 实验参数测试情况表

实验序号	负载	控制角	输入电压 (有效值)	输出电压 (平均值)	输出电流 (平均值)
1					
2					
3					
4					
5					
6					
7					
8					
9					

六、思考

(1) 在纯阻性负载情况下,如果晶闸管 T_1 的触发脉冲消失,可能会出现什么情况?

(2) 在纯阻性负载情况下,并联负载电容后,输出电压会有什么变化? 为什么?

单相桥式半控整流电路实验

一、实验目的

（1）熟悉单相桥式半控整流电路的硬件组成和工作原理。

（2）掌握单相桥式半控整流电路控制算法的设计流程。

（3）对单相桥式半控整流电路供电阻性负载和阻感性负载时的工作情况作全面分析。

二、实验内容

（1）利用 RTULab 软件，设计单相桥式半控整流电路的控制算法。

（2）观察并分析单相桥式半控整流电路供电阻性负载和阻感性负载时各点电压及电流波形，总结整流电压与控制角之间的关系。

三、实验设备及仪器

（1）实时数字控制系统 RTUSmartPE100

（2）单相桥式半控整流电路 PCB 电路板

（3）单相交流电源

（4）电阻负载和电感负载

（5）万用表

（6）示波器

（7）电压和电流探头

（8）导线若干

四、实验电路工作原理介绍

1. 电路工作原理

单相桥式半控整流电路如图 4-1 所示。其中，T_1，T_2 为晶闸管，D_1，D_2 为二极管，R 为电阻负载。u_{in} 为输入交流电压，u_o 为输出电压，i_o 为负载电流。其中，$u_{in}=\sqrt{2}U_{in}\sin(\omega t)$，$U_{in}$ 为输入电压的有效值，ω 为角频率。单相桥式半控整流电路工作波形如图 4-1 所示。具体如下：

- $0\sim\alpha$：晶闸管 T_1 和 T_2 由于无门极触发电压 u_{g1} 和 u_{g2} 而不导通，输出电压 u_o 为 0，输出电流 i_o 为 0。α 为控制角。

- $\alpha\sim\pi$：在 $\omega t=\alpha$ 时刻，晶闸管 T_1 承受正向阳极电压且门极加上触发电压 u_{g1}，满足晶闸管导通条件，晶闸管 T_1 和 D_2 导通。此时，输出电压 u_o 等于输入电压 u_{in}，输出电流为 $i_o=u_{in}/R$。

- $\pi\sim\alpha+\pi$：在 $\omega t=\pi$ 时刻，输入电压 u_{in} 过零，晶闸管 T_1 和 D_2 关断，输出电压 u_o 为 0，输出电流 i_o 为 0。

- $\alpha+\pi\sim2\pi$：在 $\omega t=\alpha+\pi$ 时刻，晶闸管 T_2 承受正向阳极电压且门极加上触发电压 u_{g2}，满足晶闸管导通条件，晶闸管 T_2 和 D_1 导通。此时，输出电压 u_o 等于 $-u_{in}$，输出电流为 $i_o=-u_{in}/R$。

单相桥式半控整流电路输出电压 u_o 的平均值 U_o 为：

$$U_o=\frac{1}{\pi}\int_{\alpha}^{\pi}u_{in}\mathrm{d}\omega t=0.9U_{in}\frac{1+\cos\alpha}{2}$$

由上式可知，控制角 α 增大，U_o 减小；控制角 α 减小，U_o 增大。可以看出，单相桥式半控整流电路带电阻性负载时，晶闸管 T 的控制角 α 的移相范围为 $0°\sim180°$。

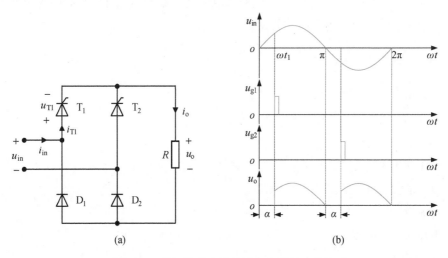

图 4-1　单相桥式半控整流电路及其工作波形

2. 电路实验平台

单相桥式半控整流电路原理图如图 4-2 所示，PCB 板结构如图 4-3 所示，其所用元器件如表 4-1 所示。

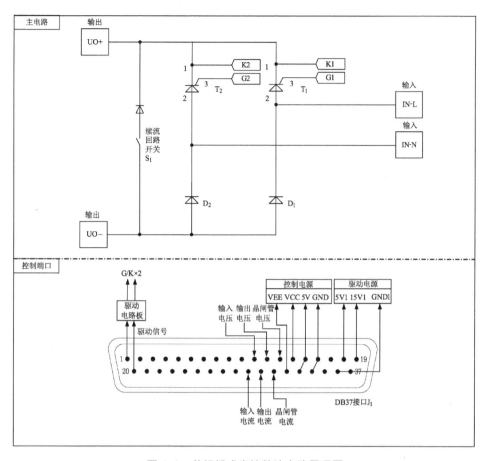

图 4-2　单相桥式半控整流电路原理图

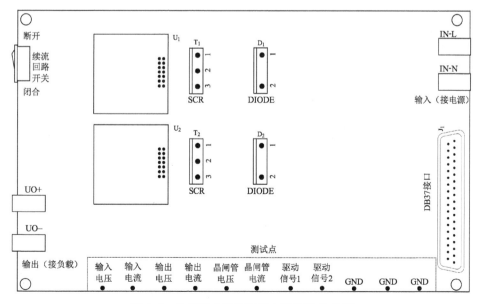

图 4-3　单相桥式半控整流电路 PCB 结构图

表 4-1 单相桥式半控整流电路元器件列表

PCB 符号	元器件名称	推荐型号
T_1、T_2	晶闸管	TYN625
D_1、D_2	二极管	SDUR30Q60
U_1、U_2	驱动电路	—
J_1	D-Sub 端口	DB37-2.77
IN-L、IN-N、UO+、UO—	香蕉头插孔	1P

(1) PCB 板介绍

• 电路连接方式：端口 IN-L、IN-N 连接单相交流电源，端口 UO+、UO—连接负载，DB37 端子 J_1 提供晶闸管工作需要的驱动信号和电路板工作所需要的电源，并将测量信号反馈给控制器。

• 信号测量方式：单相桥式半控整流电路正常工作时，可通过测量点"输入电压""输入电流""输出电压""输出电流""晶闸管电压""晶闸管电流"测量其代表的电路参数波形（以上测量点的信号均为经过采样电路调理后的弱电信号，详见附录 C）；可通过测量点"驱动信号 1""驱动信号 2"测量控制器所发出的晶闸管驱动信号。

(2) 器件介绍

• 晶闸管 T_1、T_2：标准相控晶闸管，其额定电流为 25 A，额定电压为 600 V，门极驱动电流为 40 mA，最大门极驱动电流为 4 A。

• 二极管 D_1、D_2：功率二极管，其额定电流为 30 A，额定电压为 600 V，正向导通压降为 1.56 V，最大反向恢复时间为 28 ns。

上述各元器件详细工作原理与性能指标可参阅官方手册。

五、实验方法

1. 电路连接

① 确认单相交流电源为关闭状态。

② 将 DB37 信号接口 J_1 通过专用电缆与控制器控制接口（Control Port）连接，将端口 IN-L、IN-N 与单相交流电源相连，将端口 UO+、UO—与负载相连。接线图请见图 4-4。

2. 电路性能测试

(1) 控制算法设计

在计算机上利用 RTULab 软件，设计单相桥式半控整流电路的控制算法（功能：输出控制角可调的晶闸管的驱动信号），记录所设计的控制算法，并填写在下方的方框中。

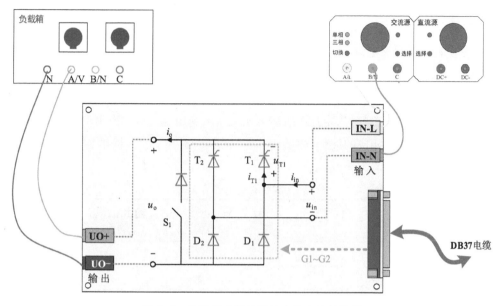

图 4-4　单相桥式半控整流电路实验接线图

（2）观测电路电压及电流波形

① 设置输入交流电压幅值为 30 V，选取负载为 15 Ω 的电阻，设置控制角为 30°，用示波器测量此时输入电压 u_{in} 的有效值、输出电压 u_o 和输出电流 i_o 的平均值，将数值填写在表 4-2 中，并用示波器记录输入电压 u_{in}、输入电流 i_{in}、输出电压 u_o、输出电流 i_o、晶闸管电压 u_{T1}、晶闸管电流 i_{T1} 相应的波形，将波形图贴于表 4-2 下方的方框中。

② 选取其他任意几种控制角，用示波器测量此时输入电压 u_{in} 的有效值、输出电压 u_o 和输出电流 i_o 的平均值，将数值填写在表 4-2 中，并用示波器记录输入电压 u_{in}、输入电流 i_{in}、输出电压 u_o、输出电流 i_o、晶闸管电压 u_{T1}、晶闸管电流 i_{T1} 相应的波形，将波形图贴于表 4-2 下方的方框中。

③ 观察并分析不同控制角下输入电压 u_{in} 和输出电压 u_o 的测量结果，验证单相桥式半控整流电路整流电压与控制角之间的关系。

④ 调整负载为 10 mH 的电感串联 15 Ω 的电阻，选取以上纯电阻负载情况下的几种控

制角,用示波器测量此时输入电压 u_{in} 的有效值、输出电压 u_o 和输出电流 i_o 的平均值,将数值填写在表 4-2 中,并用示波器记录输入电压 u_{in}、输入电流 i_{in}、输出电压 u_o、输出电流 i_o、晶闸管电压 u_{T1}、晶闸管电流 i_{T1} 相应的波形,将波形图贴于表 4-2 下方的方框中,并和纯电阻负载情况进行比较。

⑤ 闭合开关 S_1,保持负载为 10 mH 的电感串联 15 Ω 的电阻,选取与步骤④相同的几种控制角,并用示波器记录输入电压 u_{in}、输入电流 i_{in}、输出电压 u_o、输出电流 i_o、晶闸管电压 u_{T1}、晶闸管电流 i_{T1} 相应的波形,将波形图贴于表 4-2 下方的方框中,并和断开开关 S_1 的情况进行比较。

表 4-2　实验参数测试情况表

实验序号	负载	控制角	输入电压 (有效值)	输出电压 (平均值)	输出电流 (平均值)
1					
2					
3					
4					
5					
6					
7					
8					
9					

六、思考

(1) 在实验过程中,控制角能否达到 180°？若可以,请画出输出电压 u_o 的波形;若不可以,请说明原因。

(2) 晶闸管触发电路的同步环节如何实现,参考电压可以从晶闸管两端采样获得吗？

三相桥式全控整流电路实验

一、实验目的

(1) 熟悉三相桥式全控整流电路的硬件组成和工作原理。

(2) 掌握三相桥式全控整流电路控制算法的设计流程。

(3) 对三相桥式全控整流电路供电阻性负载和阻感性负载时的工作情况作全面分析。

二、实验内容

(1) 利用 RTULab 软件,设计三相桥式全控整流电路的控制算法。

(2) 观察并分析三相桥式全控整流电路供电阻性负载和阻感性负载时电压及电流波形,总结整流电压与控制角之间的关系。

三、实验设备及仪器

(1) 实时数字控制系统 RTUSmartPE100

(2) 三相桥式全控整流主电路 PCB 电路板

(3) 三相交流电源

(4) 电阻负载和电感负载

(5) 万用表

(6) 示波器

(7) 电压和电流探头

(8) 导线若干

四、实验电路工作原理介绍

1. 电路工作原理

三相桥式全控整流电路如图 5-1 所示。其中,$T_1 \sim T_6$ 为晶闸管,R 为负载,u_a, u_b, u_c

为三相对称交流电压, u_o 为输出电压, i_o 为负载电流。其中,

$$\begin{cases} u_a = \sqrt{2}U_{in}\sin(\omega t) \\ u_b = \sqrt{2}U_{in}\sin(\omega t - 2\pi/3) \\ u_c = \sqrt{2}U_{in}\sin(\omega t + 2\pi/3) \end{cases}$$

U_{in} 为输入电压的有效值, ω 为角频率。三相桥式全控整流电路实质是一组共阴极与一组共阳极的三相半波可控整流电路的串联。晶闸管按照 $T_1 \sim T_6$ 的顺序依次导通,任意时刻共阴极组和共阳极组中均有一只晶闸管导通,与负载形成回路。三相桥式全控整流电路工作波形如图 5-1 所示,具体如下:

- $\alpha \sim \alpha + \pi/3$:晶闸管 T_1 和 T_6 导通,输出电压为 A、B 两相之间的线电压,即 $u_o = u_{ab}$, α 为控制角。
- $\alpha + \pi/3 \sim \alpha + 2\pi/3$:晶闸管 T_1 和 T_2 导通,输出电压为 A、C 两相之间的线电压,即 $u_o = u_{ac}$。
- $\alpha + 2\pi/3 \sim \alpha + \pi$:晶闸管 T_3 和 T_2 导通,输出电压为 B、C 两相之间的线电压,即 $u_o = u_{bc}$。
- $\alpha + \pi \sim \alpha + 4\pi/3$:晶闸管 T_3 和 T_4 导通,输出电压为 B、A 两相之间的线电压,即 $u_o = u_{ba}$。
- $\alpha + 4\pi/3 \sim \alpha + 5\pi/3$:晶闸管 T_5 和 T_4 导通,输出电压为 C、A 两相之间的线电压,即 $u_o = u_{ca}$。
- $\alpha + 5\pi/3 \sim \alpha + 2\pi$:晶闸管 T_5 和 T_6 导通,输出电压为 C、B 两相之间的线电压,即 $u_o = u_{cb}$。

当负载为电阻时,三相桥式全控整流电路输出电压 u_o 的平均值 U_o 为:

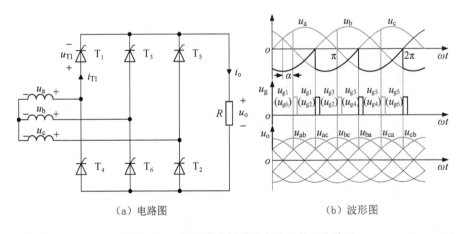

（a）电路图　　　　（b）波形图

图 5-1　三相桥式全控整流电路及其工作波形

当 $\alpha \leqslant 60°$ 时：

$$U_{o} = \frac{3}{\pi} \int_{\frac{1}{3}\pi+\alpha}^{\frac{2}{3}\pi+\alpha} \sqrt{6} U_{in} \sin \omega t \, d\omega t = 2.34 U_{in} \cos \alpha$$

当 $\alpha > 60°$ 时：

$$U_{o} = \frac{3}{\pi} \int_{\frac{1}{3}\pi+\alpha}^{\frac{2}{3}\pi} \sqrt{6} U_{in} \sin \omega t \, d\omega t = 2.34 U_{in} \left[1 + \cos\left(\frac{\pi}{3} + \alpha\right) \right]$$

2. 电路实验平台

三相桥式全控整流电路的原理图如图 5-2 所示，PCB 板结构如图 5-3 所示，其所用元器件如表 5-1 所示。

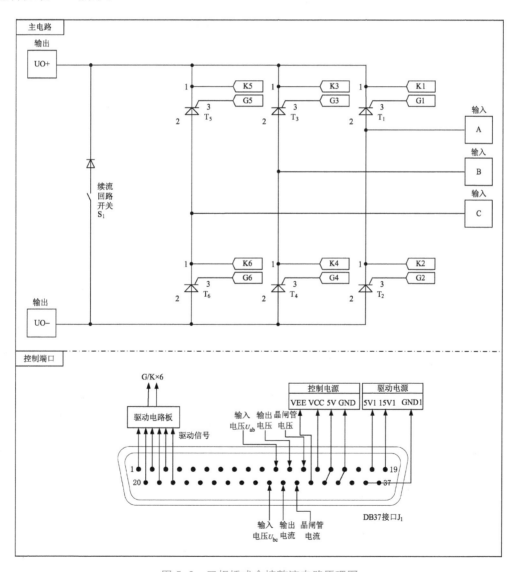

图 5-2 三相桥式全控整流电路原理图

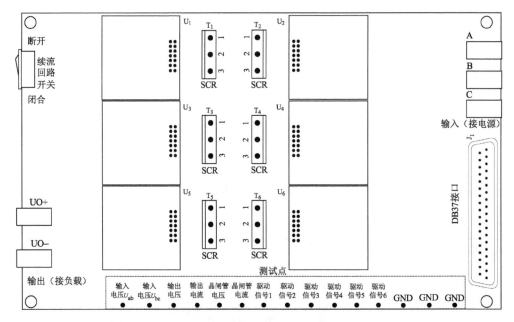

图 5-3 三相桥式全控整流电路 PCB 结构图

表 5-1 三相桥式全控整流电路主电路元器件列表

PCB 符号	元器件名称	推荐型号
$T_1 \sim T_6$	晶闸管	TYN625
$U_1 \sim U_6$	驱动电路	—
J_1	D-Sub 端口	DB37-2.77
A、B、C、UO+、UO−	香蕉头插孔	1P

（1）PCB 板介绍

• 电路连接方式：端口 A、B 和 C 连接三相交流电源，端口 UO+、UO−连接负载，DB37 端子 J_1 提供晶闸管工作需要的驱动信号和电路板工作所需的电源，并将测量信号反馈给控制器。

• 信号测量方式：三相桥式全控整流电路正常工作时，可通过测量点"输入电压""输出电压""输出电流""晶闸管电压""晶闸管电流"测量其代表的电路参数波形（以上测量点的信号均为经过采样电路调理后的弱电信号，详见附录 C）；可通过测量点"驱动信号 1"～"驱动信号 6"测量控制器所发出的晶闸管驱动信号。

（2）器件介绍

• 晶闸管 $T_1 \sim T_6$：标准相控晶闸管，其额定电流为 25 A，额定电压为 600 V，门极驱动电流为 40 mA，最大门极驱动电流为 4 A。

上述各元器件详细工作原理与性能指标可参阅官方手册。

五、实验方法

1. 电路连接

① 确认三相交流电源为关闭状态。

② 将 DB37 信号接口 J_1 通过专用电缆与控制器控制接口（Control Port）连接，将端口 A、B、C 与三相交流电源相连（电源请选择三相输出），将端口 UO＋、UO－ 与负载相连。接线图请见图 5-4。

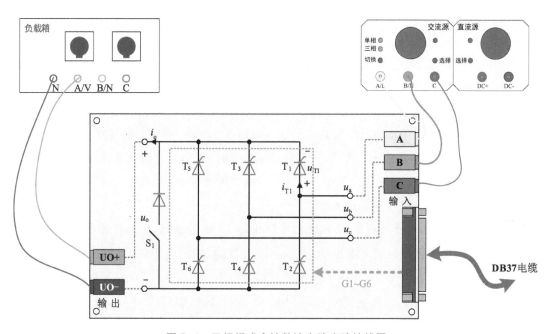

图 5-4　三相桥式全控整流电路实验接线图

2. 电路性能测试

（1）控制算法设计

在计算机上利用 RTULab 软件，设计三相桥式全控整流电路的控制算法（功能：输出 6 路控制角可调的晶闸管驱动信号），并将控制算法填写在下方的方框中。

（2）观测电路电压及电流波形

① 设置输入交流电压幅值为 20 V，选取负载为 15 Ω 的电阻，设置控制角为 30°，用示波器测量此时输入电压 u_{ab} 和 u_{bc} 的有效值，输出电压 u_o 和输出电流 i_o 的平均值，将数值填写在表 5-2 中，并记录输入电压 u_{ab}、输入电压 u_{bc}、输出电压 u_o、输出电流 i_o、晶闸管电压 u_{T1}、晶闸管电流 i_{T1} 相应的波形，将波形图贴于表 5-2 下方的方框中。

② 选取其他任意几种控制角，用示波器测量不同控制角时输入电压 u_{ab} 和 u_{bc} 的有效值，输出电压 u_o 和输出电流 i_o 的平均值，将数值填写在表 5-2 中，并记录输入电压 u_{ab}、输入电压 u_{bc}、输出电压 u_o、输出电流 i_o、晶闸管电压 u_{T1}、晶闸管电流 i_{T1} 相应的波形，将波形图贴于表 5-2 下方的方框中。

③ 观察并分析不同控制角下输入电压 u_{ab}、u_{bc} 和输出电压 u_o 的测量结果，验证三相桥式全控整流电路整流电压与控制角之间的关系。

④ 将负载调整为 10 mH 的电感串联 15 Ω 的电阻，选取以上纯电阻负载情况下的几种控制角再次进行实验，用示波器测量此时的输入电压 u_{ab} 和 u_{bc} 的有效值，输出电压 u_o 和输出电流 i_o 的平均值，将数值填写在表 5-2 中，并记录输入电压 u_{ab}、输入电压 u_{bc}、输出电压 u_o、输出电流 i_o、晶闸管电压 u_{T1}、晶闸管电流 i_{T1} 相应的波形，将波形图贴于表 5-2 下方的方框中，并和纯电阻负载情况进行比较。

⑤ 闭合开关 S_1，保持负载为 10 mH 的电感串联 15 Ω 的电阻，选取步骤④的几种控制角再次实验，用示波器测量输入电压 u_{ab} 和 u_{bc} 的有效值，输出电压 u_o 和输出电流 i_o 的平均值，将数值填写在表 5-2 中，并用示波器记录输入电压 u_{ab}、输入电压 u_{bc}、输出电压 u_o、输出电流 i_o、晶闸管电压 u_{T1}、晶闸管电流 i_{T1} 相应的波形，将波形贴于表 5-2 下方的方框中，并和断开开关 S_1 时的情况进行比较。

表 5-2　实验参数测试情况表

实验序号	负载	控制角	U_{ab}（有效值）	U_{bc}（有效值）	输出电压（平均值）	输出电流（平均值）
1						
2						
3						
4						
5						
6						
7						
8						
9						

六、思考

（1）在三相桥式全控整流电路中，如果触发脉冲出现在自然换相点之前，能否进行换相？可能会出现什么情况？

（2）为什么输出电压波形会发生换相重叠现象？当输入和输出电压保持不变而负载功率发生变化时，换相重叠角会发生变化吗？

实验六

降压型(BUCK)斩波电路实验

一、实验目的

(1) 了解 MOSFET 驱动电路的硬件组成和工作原理。

(2) 熟悉 BUCK 电路的硬件组成和工作原理。

(3) 掌握 BUCK 电路控制算法的设计流程。

(4) 对 BUCK 电路正常工作情况作全面分析。

二、实验内容

(1) 利用 RTULab 软件,设计 BUCK 电路的控制算法。

(2) 观察并分析 BUCK 电路在不同占空比情况下的电压及电流波形,验证输出电压与输入电压之间的关系。

三、实验设备及仪器

(1) 实时数字控制系统 RTUSmartPE100

(2) BUCK 电路 PCB 电路板

(3) 直流电压源

(4) 电阻负载

(5) 万用表

(6) 示波器

(7) 电压和电流探头

(8) 导线若干

四、实验电路工作原理介绍

1. 电路工作原理

BUCK 电路如图 6-1 所示。其中,Q_1 为全控型器件,此处选用场效应晶体管

MOSFET,D_1 为二极管,L_1 为电感,C_1 为电解电容,R 为电阻负载。E 为输入电压,u_o 为输出电压。其具体工作原理如下:

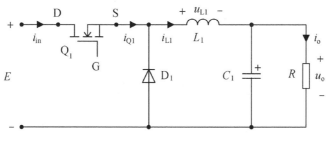

图 6-1　BUCK 主电路

① 当场效应晶体管 Q_1 导通时,电源通过电感 L_1 向电阻负载供电,电感电流线性增大,电感储能。

② 当场效应晶体管 Q_1 关断时,电感 L_1 通过续流二极管 D_1 将所存储能量释放,电感电流线性减少。

BUCK 电路输入电压 E 与输出电压的平均值 U_o 之间的关系为:

$$\frac{U_o}{E} = \frac{t_{on}}{t_{on} + t_{off}} = \frac{t_{on}}{T} = \alpha$$

式中,t_{on} 为 Q_1 处于通态的时间,t_{off} 为 Q_1 处于断态的时间,T 为开关周期,α 为占空比,其取值范围为 $0 \leqslant \alpha \leqslant 1$。由上式可知,$\alpha$ 减小,U_o 减小;α 增大,U_o 增大。由于输出电压 U_o 小于输入电压 E,故称该电路为降压型斩波电路。

2. 电路实验平台

BUCK 电路原理图如图 6-2 所示,PCB 板结构如图 6-3 所示,其所用元器件如表 6-1 所示。

表 6-1　BUCK 电路元器件列表

PCB 符号	元器件名称	推荐型号或规格
Q_1	MOS 管	IRFP250MPBF
U_1	驱动电路	—
D_1	二极管	SDUR30Q60
L_1	电感	0.2 mH
C_1	电容	82 μF
J_1	D-Sub 端口	DB37-2.77
DC+、DC−、UO+、UO−	香蕉头插孔	1P

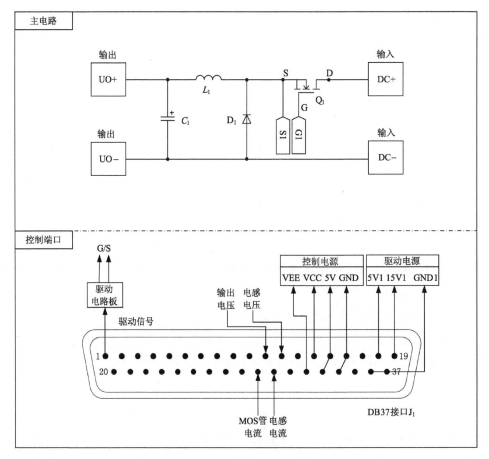

图 6-2　BUCK 电路原理图

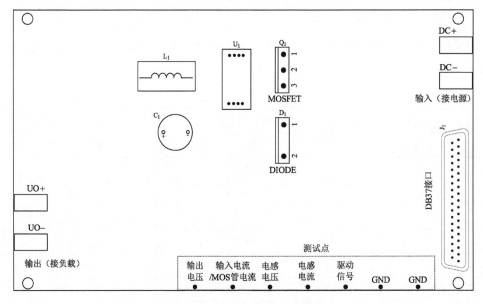

图 6-3　BUCK 电路 PCB 结构图

（1）PCB 板介绍

- 电路连接方式：端口 DC＋、DC－连接直流电源，端口 UO＋、UO－连接负载，DB37 端子 J_1 提供场效应晶体管工作需要的驱动信号和电路板工作所需的电源，并将测量信号反馈给控制器。
- 信号测量方式：BUCK 电路正常工作时，可通过测量点"输出电压""MOS 管电流""电感电压""电感电流"测量其代表的电路参数波形（以上测量点的信号均为经过采样电路调理后的弱电信号，详见附录 C）；可通过测量点"驱动信号"测量控制器所发出的 PWM 驱动信号。

（2）器件介绍

- 场效应晶体管 Q_1：N 通道功率 MOSFET，其额定电流为 30 A，额定电压为 200 V，漏源极电阻为 0.075 Ω。
- 二极管 D_1：反向耐压 600 V，正向平均电流 30 A，导通压降 1.56 V，反向恢复时间 28 ns。

上述各元器件详细工作原理与性能指标可参阅官方手册。

五、实验方法

1. 电路连接

① 确认直流电压源为关闭状态。

② 将 DB37 信号接口 J_1 通过专用电缆与控制器控制接口（Control Port）连接，将端口 DC＋、DC－与直流电源相连，将端口 UO＋、UO－与负载相连。接线图请见图 6-4。

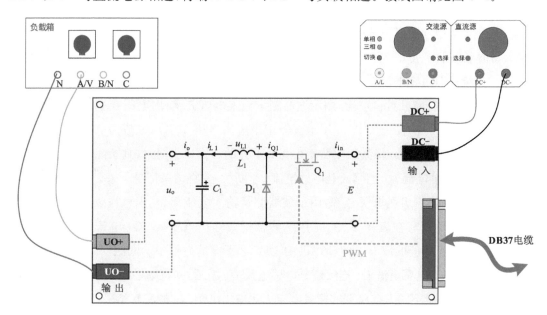

图 6-4　BUCK 电路实验接线图

2. 电路性能测试

(1) 控制算法设计

在计算机上利用 RTULab 软件,设计 BUCK 电路的控制算法(功能:输出一路固定占空比的 PWM 信号),并将控制算法填写在下方的方框中。

(2) 观测电路电压及电流波形

① 输入电压设置为 15 V,负载选取为 15 Ω,将占空比调节为 0.5,开关频率设置为 25 kHz,用示波器测量此时的输入电压 E、输出电压 u_o、输入电流 i_{in} 的平均值,将数值填写在表 6-2 中,并用示波器记录输出电压 u_o、Q_1 电流 i_{Q1}、电感电压 u_{L1}、电感电流 i_{L1} 相应的波形,将波形图贴于表 6-2 下方的方框中。同时,判断此时 BUCK 电路的工作状态为电感电流 i_{L1} 连续还是电感电流 i_{L1} 断续并记录。

② 选取其他任意几种占空比,用示波器测量输入电压 E、输出电压 u_o、输入电流 i_{in} 的平均值,将数值填写在表 6-2 中,并用示波器记录输出电压 u_o、Q_1 电流 i_{Q1}、电感电压 u_{L1}、电感电流 i_{L1} 相应的波形,将波形图贴于表 6-2 下方的方框中。同时,判断此时 BUCK 电路的工作状态为电感电流 i_{L1} 连续还是电感电流 i_{L1} 断续,并将结果记录下来。

③ 选取其他任意几种开关频率,用示波器测量输入电压 E、输出电压 u_o、输入电流 i_{in} 的平均值,将数值填写在表 6-2 中,并用示波器记录输出电压 u_o、Q_1 电流 i_{Q1}、电感电压 u_{L1}、电感电流 i_{L1} 相应的波形,将波形图贴于表 6-2 下方的方框中。同时,判断此时 BUCK 电路的工作状态为电感电流 i_{L1} 连续还是电感电流 i_{L1} 断续,并将结果记录下来。

④ 观察并分析不同占空比下的输入电压 E 和输出电压 u_o 的测量结果,验证 BUCK 电路输出电压与输入电压之间的关系。

表 6-2　实验参数测试情况表

实验序号	输入电压	开关频率	占空比	输出电压	输出电流
1					
2					
3					
4					
5					

六、思考

（1）在实验过程中,是否可以实现 PWM 信号占空比的实时调节?

（2）如果 BUCK 电路工作在电流不连续状态,应如何调整负载功率、开关频率、电感感值,使电流进入连续状态?

实验七

升压型(BOOST)斩波电路实验

一、实验目的

(1) 熟悉 BOOST 电路的硬件组成和工作原理。

(2) 掌握 BOOST 电路控制算法的设计流程。

(3) 对 BOOST 电路正常工作情况作全面分析。

二、实验内容

(1) 利用 RTULab 软件,设计 BOOST 电路的控制算法。

(2) 观察并分析 BOOST 电路在不同占空比情况下的电压及电流波形,验证输出电压与输入电压之间的关系。

三、实验设备及仪器

(1) 实时数字控制系统 RTUSmartPE100

(2) BOOST 电路 PCB 电路板

(3) 直流电压源

(4) 电阻负载

(5) 万用表

(6) 示波器

(7) 电压和电流探头

(8) 导线若干

四、实验电路工作原理介绍

1. 电路工作原理

BOOST 电路如图 7-1 所示。其中,Q_1 为全控型器件,此处选用场效应晶体管

MOSFET，D_1 为二极管，L_1 为电感，C_1 为电解电容，R 为电阻负载，E 为输入电压，u_o 为输出电压。其具体工作原理如下：

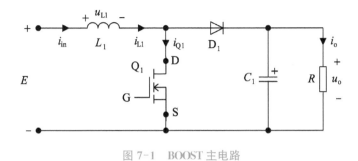

图 7-1　BOOST 主电路

① 当场效应晶体管 Q_1 导通时，D_1 关断，电源向电感 L_1 充电，同时电容 C_1 向负载 R 供电。

② 当场效应晶体管 Q_1 关断时，D_1 导通，电源和电感 L_1 共同向电容 C_1 充电，并向负载提供能量。

BOOST 电路输入电压 E 与输出电压的平均值 U_o 之间的关系为：

$$\frac{U_o}{E} = \frac{t_{on} + t_{off}}{t_{off}} = \frac{T}{t_{off}} = \frac{1}{1-\alpha}$$

式中，t_{on} 为 Q_1 处于通态的时间，t_{off} 为 Q_1 处于断态的时间，T 为开关周期，α 为占空比。由于输出电压 U_o 总是大于或等于输入电压 E，故称该电路为升压型斩波电路。

2. 电路实验平台

BOOST 电路原理图如图 7-2 所示，PCB 板结构如图 7-3 所示，其所用元器件如表 7-1 所示。

表 7-1　BOOST 电路元器件列表

PCB 符号	元器件名称	推荐型号或规格
Q_1	MOS 管	IRFP250MPBF
U_1	驱动电路	—
D_1	二极管	SDUR30Q60
L_1	电感	0.2 mH
C_1	电容	82 μF
J_1	D-Sub 端口	DB37-2.77
DC+、DC−、UO+、UO−	香蕉头插孔	1P

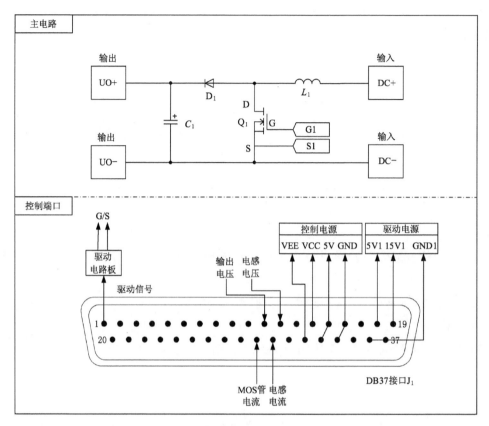

图 7-2 BOOST 电路原理图

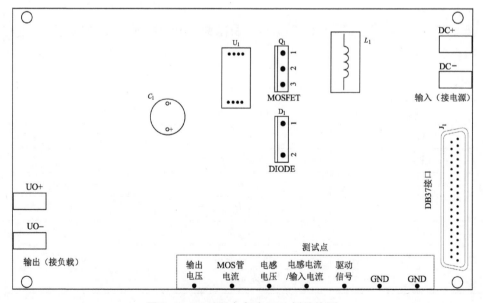

图 7-3 BOOST 主电路 PCB 板结构图

（1）PCB板介绍

- 电路连接方式：端口 DC＋、DC－连接直流电源，端口 UO＋、UO－连接负载，DB37 端子 J_1 提供场效应晶体管工作需要的驱动信号和电路板工作所需要的电源，并将测量信号反馈给控制器。

- 信号测量方式：BOOST 电路正常工作时，可通过测量点"输出电压""MOS管电流""电感电压""电感电流"测量其代表的电路参数波形（以上测量点的信号均为经过采样电路调理后的弱电信号，详见附录 C）；可通过测量点"驱动信号"测量控制器所发出的 PWM 驱动信号。

（2）具体器件介绍

- 场效应管晶体管 Q_1：N 通道功率 MOSFET，其额定电流为 30 A，额定电压为 200 V，漏源极电阻为 0.075 Ω。

- 二极管 D_1：反向耐压 600 V，正向平均电流 30 A，导通压降 1.56 V，反向恢复时间 28 ns。

上述各元器件详细工作原理与性能指标可参阅官方手册。

五、实验方法

1. 电路连接

① 确认直流电压源为关闭状态。

② 将 DB37 信号接口 J_1 通过专用电缆与控制器控制接口（Control Port）连接，将端口 DC＋、DC－与直流电源相连，将端口 UO＋、UO－与负载相连。接线图见图 7-4。

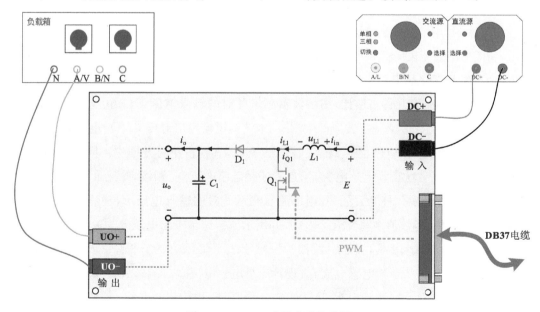

图 7-4　BOOST 电路实验接线图

2. 电路性能测试

（1）控制算法设计

在计算机上利用 RTULab 软件，设计 BOOST 电路的控制算法（功能：输出一路固定占空比的 PWM 信号），对所设计的控制算法进行记录，填写在下方的方框中。

（2）观测电路电压及电流波形

① 输入电压设置为 5 V，负载选取为 15 Ω，将占空比调节为 0.4，开关频率设置为 10 kHz，用示波器测量此时的输入电压 E、输出电压 u_o、输入电流 i_{in} 的平均值，将数值填写在表 7-2 中，并用示波器记录输出电压 u_o、Q_1 电流 i_{Q1}、电感电压 u_{L1}、电感电流 i_{L1} 相应的波形，将波形图贴于表 7-2 下方的方框中。同时，判断此时 BOOST 电路的工作状态为电感电流 i_{L1} 连续还是电感电流 i_{L1} 断续，并记录。

② 选取其他任意几种占空比，用示波器测量此时的输入电压 E、输出电压 u_o、输入电流 i_{in} 的平均值，将数值填写在表 7-2 中，并用示波器记录输出电压 u_o、Q_1 电流 i_{Q1}、电感电压 u_{L1}、电感电流 i_{L1} 相应的波形，将波形图贴于表 7-2 下方的方框中。同时，判断此时 BOOST 电路的工作状态为电感电流 i_{L1} 连续还是电感电流 i_{L1} 断续，并记录。

③ 选取其他任意几种开关频率，用示波器测量此时的输入电压 E、输出电压 u_o、输入电流 i_{in} 的平均值，将数值填写在表 7-2 中，并用示波器记录输出电压 u_o、Q_1 电流 i_{Q1}、电感电压 u_{L1}、电感电流 i_{L1} 相应的波形，将波形图贴于表 7-2 下方的方框中。同时，判断此时 BOOST 电路的工作状态为电感电流 i_{L1} 连续还是电感电流 i_{L1} 断续，并记录。

④ 观察并分析不同占空比情况下的输入电压 E 和输出电压 u_o 的测量结果，验证 BOOST 电路输出电压与输入电压之间的关系。

表 7-2　实验参数测试情况表

实验序号	输入电压	开关频率	占空比	输出电压	输入电流
1					
2					
3					
4					
5					

六、思考

（1）BOOST 电路中电感的作用与 BUCK 电路中电感的作用相比有什么区别？

（2）BOOST 电路中，当输入和输出电压保持不变而负载功率发生变化时，电感电流的纹波幅值会发生变化吗？

实验八

升降压型(BOOST-BUCK)斩波电路实验

一、实验目的

(1) 熟悉 BOOST-BUCK 电路的硬件组成和工作原理。

(2) 掌握 BOOST-BUCK 电路控制算法的设计流程。

(3) 对 BOOST-BUCK 电路工作情况作全面分析。

二、实验内容

(1) 利用 RTULab 软件,设计 BOOST-BUCK 电路的控制算法。

(2) 观测 BOOST-BUCK 电路在不同占空比情况下的电压及电流波形,验证输出电压与输入电压之间的关系。

三、实验设备及仪器

(1) 实时数字控制系统 RTUSmartPE100

(2) BOOST-BUCK 电路 PCB 电路板

(3) 直流电压源

(4) 电阻负载

(5) 万用表

(6) 示波器

(7) 电压和电流探头

(8) 导线若干

四、实验电路工作原理介绍

1. 电路工作原理

BOOST-BUCK 电路如图 8-1 所示。其中,Q_1 为全控型器件,此处选用场效应晶体管

MOSFET,D_1 为二极管,L_1 为电感,C_1 为电解电容,R 为电阻负载,E 为输入电压,u_o 为输出电压。其具体工作原理为:

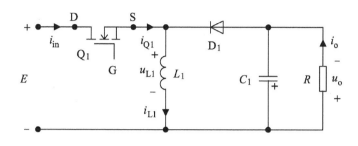

图 8-1　BOOST-BUCK 电路原理图

① 当场效应晶体管 Q_1 导通时,在电源的作用下,电感 L_1 存储能量,电感电流 i_{L1} 线性增长,电容 C_1 向负载 R 供电。

② 当场效应晶体管 Q_1 关断时,电感 L_1 向电阻负载释放能量,电感电流 i_{L1} 线性减小。

BOOST-BUCK 电路输入电压 E 与输出电压的平均值 U_o 之间的关系为:

$$\frac{U_o}{E}=\frac{t_{on}}{t_{off}}=\frac{\alpha}{1-\alpha}$$

式中,t_{on} 为 Q_1 处于通态的时间,t_{off} 为 Q_1 处于断态的时间,α 为占空比。当占空比 $\alpha<0.5$ 时,BOOST-BUCK 电路处于降压工作状态;当占空比 $\alpha>0.5$ 时,BOOST-BUCK 电路处于升压工作状态。另外,BOOST-BUCK 电路输出电压 u_o 与输入电压 E 极性相反。

2. 电路实验平台

BOOST-BUCK 电路原理图如图 8-2 所示,PCB 板结构如图 8-3 所示,其所用元器件如表 8-1 所示。

表 8-1　BOOST-BUCK 电路元器件列表

PCB 符号	元器件名称	推荐型号或规格
Q_1	场效应管	IRFP250MPBF
L_1	电感	0.2 mH
D_1	二极管	SDUR30Q60
C_1	电解电容	100 μF
J_1	D-Sub 端口	DB37-2.77
DC+、DC-、UO+、UO-	香蕉头插孔	1P

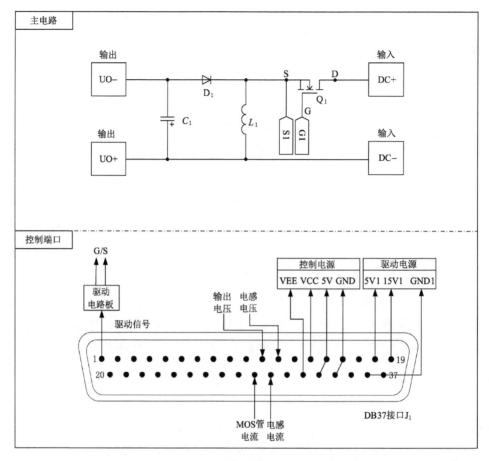

图 8-2　BOOST-BUCK 电路原理图

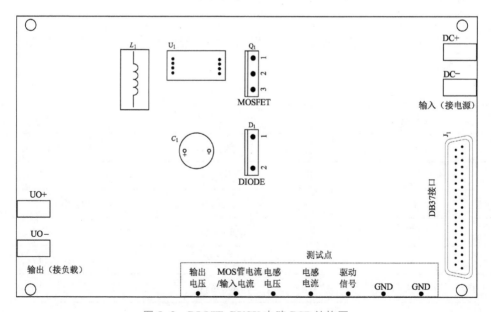

图 8-3　BOOST-BUCK 电路 PCB 结构图

（1）PCB 板介绍

- 电路连接方式：端口 DC＋、DC－连接直流电源，端口 UO＋、UO－连接负载，DB37 端子 J_1 提供场效应晶体管工作需要的驱动信号和电路板工作所需要的电源，并将测量信号反馈给控制器。
- 信号测量方式：BOOST-BUCK 电路正常工作时，可通过测量点"输出电压""MOS 管电流""电感电压""电感电流"测量其代表的电路参数波形（以上测量点的信号均为经过采样电路调理后的弱电信号，详见附录 C）；可通过测量点"驱动信号"测量控制器所发出的 PWM 驱动信号。

（2）器件介绍

- 场效应晶体管 Q_1：N 通道功率 MOSFET，其额定电流为 30 A，额定电压为 200 V，漏源极电阻为 0.075 Ω。
- 二极管 D_1：反向耐压 600 V，正向平均电流 30 A，导通压降 1.56 V，反向恢复时间 28 ns。

上述各元器件详细工作原理与性能指标可参阅官方手册。

五、实验方法

1. 电路连接

① 确认直流电压源为关闭状态。

② 将 DB37 信号接口 J_1 通过专用电缆与控制器控制接口（Control Port）连接，将端口 DC＋、DC－与直流电源相连，将端口 UO＋、UO－与负载相连。接线图见图 8-4。

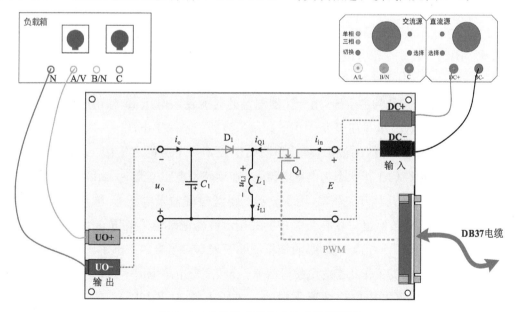

图 8-4　BOOST-BUCK 电路实验接线图

2. 电路性能测试

（1）控制算法设计

在计算机上利用 RTULab 软件,设计 BOOST-BUCK 电路的控制算法（功能：输出一路固定占空比的 PWM 信号），对所设计的控制算法进行记录,填写在下方的方框中。

（2）观测电路电压及电流波形

① 输入电压设置为 5 V,负载选取为 15 Ω,将开关频率设置为 10 kHz,占空比调节为 0.7,用示波器测量此时的输入电压 E、输出电压 u_o、输入电流 i_{in} 的平均值,将数值填写在表 8-2 中。并用示波器记录输出电压 u_o、Q_1 电流 i_{Q1}、电感电压 u_{L1}、电感电流 i_{L1} 相应的波形,将波形图贴于表 8-2 下方的方框中。同时,判断此时 BOOST-BUCK 电路的工作状态为电感电流 i_{L1} 连续还是电感电流 i_{L1} 断续,并记录。

② 选取其他任意几种占空比,用示波器测量此时的输入电压 E、输出电压 u_o、输入电流 i_{in} 的平均值,将数值填写在表 8-2 中。并用示波器记录输出电压 u_o、Q_1 电流 i_{Q1}、电感电压 u_{L1}、电感电流 i_{L1} 相应的波形,将波形图贴于表 8-2 下方的方框中。同时,判断此时 BOOST-BUCK 电路的工作状态为电感电流 i_{L1} 连续还是电感电流 i_{L1} 断续,并记录。

③ 选取其他任意几种开关频率,用示波器测量此时的输入电压 E、输出电压 u_o、输入电流 i_{in} 的平均值,将数值填写在表 8-2 中。并用示波器记录输出电压 u_o、Q_1 电流 i_{Q1}、电感电压 u_{L1}、电感电流 i_{L1} 相应的波形,将波形图贴于表 8-2 下方的方框中。同时,判断此时 BOOST-BUCK 电路的工作状态为电感电流 i_{L1} 连续还是电感电流 i_{L1} 断续,并记录。

④ 观察并分析不同占空比情况下的输入电压 E 和输出电压 u_o 的测量结果,验证 BOOST-BUCK 电路输出电压与输入电压之间的关系。

表 8-2　实验参数测试情况表

实验序号	输入电压	开关频率	占空比	输出电压	输入电流
1					
2					
3					
4					
5					

六、思考

(1) 相较于 BUCK 电路和 BOOST 电路,BOOST-BUCK 电路有哪些特点?

(2) 能否设计控制算法实现在实验过程中对电路输出电压的实时调节?

实验九

Cuk 斩波电路实验

一、实验目的

（1）熟悉 Cuk 电路的硬件组成和工作原理。

（2）掌握 Cuk 电路控制算法的设计流程。

（3）对 Cuk 电路工作情况作全面分析。

二、实验内容

（1）利用 RTULab 软件，设计 Cuk 电路的控制算法。

（2）观测 Cuk 电路在不同占空比情况下的电压及电流波形，验证输出电压与输入电压之间的关系。

三、实验设备及仪器

（1）实时数字控制系统 RTUSmartPE100

（2）Cuk 电路 PCB 电路板

（3）直流电压源

（4）电阻负载

（5）万用表

（6）示波器

（7）电压和电流探头

（8）导线若干

四、实验电路工作原理介绍

1. 电路工作原理

Cuk 电路原理图如图 9-1 所示。其中，Q_1 为全控型器件，此处选用场效应晶体管

MOSFET，D_1 为二极管，L_1 和 L_2 为电感，C_1 和 C_2 为电解电容，R 为电阻负载，E 为输入电压，u_o 为输出电压。其具体工作原理为：

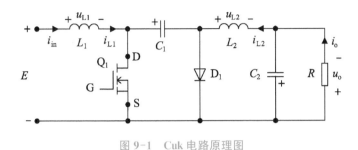

图 9-1　Cuk 电路原理图

① 当场效应晶体管 Q_1 导通，二极管 D_1 关断时，在输入电压 E 的作用下，电感 L_1 的电流 i_{L1} 线性增长，在电容 C_1 电压与输出电压 U_o 的同时作用下，电感 L_2 的电流 i_{L2} 线性增长。

② 当场效应晶体管 Q_1 关断，二极管 D_1 导通时，电源电压通过 D_1 对电容 C_1 充电，电感 L_1 的电流 i_{L1} 线性下降，电感 L_2 承受反向输出电压，电感 L_2 的电流 i_{L2} 线性下降。

Cuk 电路输入电压 E 与输出电压的平均值 U_o 之间的关系为：

$$\frac{U_o}{E} = \frac{t_{on}}{t_{off}} = \frac{\alpha}{1-\alpha}$$

式中，t_{on} 为 Q_1 处于通态的时间，t_{off} 为 Q_1 处于断态的时间，T 为开关周期，α 为占空比。当占空比 $\alpha < 0.5$ 时，Cuk 电路处于降压工作状态；当占空比 $\alpha > 0.5$ 时，Cuk 电路处于升压工作状态。另外，Cuk 电路输出电压 u_o 与输入电压 E 极性相反。

2. 电路实验平台

Cuk 电路原理图如图 9-2 所示，PCB 板结构如图 9-3 所示，其所用元器件如表 9-1 所示。

表 9-1　Cuk 电路元器件清单

PCB 符号	元器件名称	推荐型号或规格
Q_1	场效应管	IRFP250MPBF
L_1、L_2	电感	0.2 mH
D_1	二极管	SDUR30Q60
C_1、C_2	电容	100 μF
J_1	D-Sub 端口	DB37-2.77
DC+、DC−、UO+、UO−	香蕉头插孔	1P

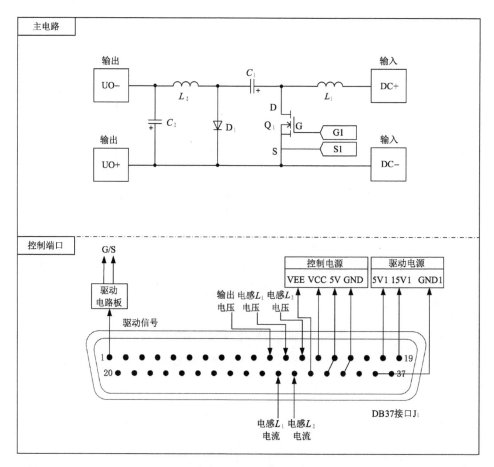

图 9-2 Cuk 电路原理图

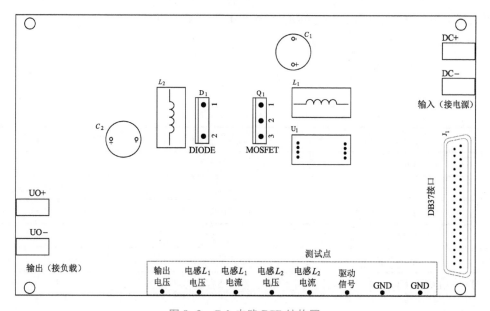

图 9-3 Cuk 电路 PCB 结构图

（1）PCB 板介绍

- 电路连接方式：端口 DC＋、DC－连接直流电源，端口 UO＋、UO－连接负载，DB37 端子 J_1 提供场效应晶体管工作需要的驱动信号和电路板工作需要的电源，并将测量信号反馈给控制器。
- 信号测量方式：Cuk 电路正常工作时，可通过测量点"输出电压""电感 L_1 电压""电感 L_1 电流""电感 L_2 电压""电感 L_2 电流"测量其代表的电路参数波形（以上测量点的信号均为经过采样电路调理后的弱电信号，详见附录 C）；可通过测量点"驱动信号"测量控制器所发出的 PWM 驱动信号。

（2）器件介绍

- 场效应晶体管 Q_1：N 通道功率 MOSFET，其额定电流为 30 A，额定电压为 200 V，漏源极电阻为 0.075 Ω。
- 二极管 D_1：反向耐压 600 V，正向平均电流 30 A，导通压降 1.56 V，反向恢复时间 28 ns。

上述各元器件详细工作原理与性能指标可参阅官方手册。

五、实验方法

1. 电路连接

① 确认直流电压源为关闭状态。

② 将 DB37 信号接口 J_1 通过专用电缆与控制器控制接口（Control Port）连接，将端口 DC＋、DC－与直流电源相连，将端口 UO＋、UO－与负载相连。接线图见图 9-4。

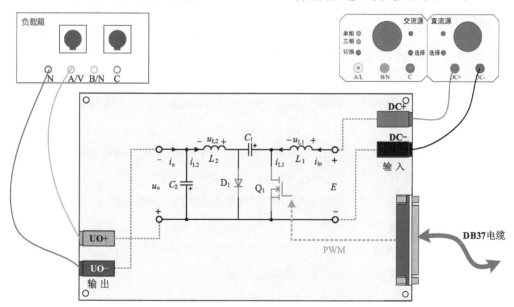

图 9-4　Cuk 电路实验接线图

2. 电路性能测试

（1）控制算法设计

在计算机上利用 RTULab 软件，设计 Cuk 电路的控制算法（功能：输出一路固定占空比的 PWM 信号），对所设计的控制算法进行记录，填写在下方的方框中。

（2）观测电路电压及电流波形

① 输入电压设置为 5 V，负载选取为 15 Ω，将开关频率设置为 10 kHz，占空比调节为 0.7，用示波器测量此时的输入电压 E、输出电压 u_o、输入电流 i_{in} 的平均值，将数值填写在表 9-2 中，并用示波器记录输出电压 u_o，电感电压 u_{L1}、u_{L2}，电感电流 i_{L1}、i_{L2} 的波形，将波形图贴于表 9-2 下方的方框中。同时，判断此时 Cuk 电路的工作状态为二极管电流 i_{D1} 连续还是断续，并记录。

② 选取其他任意几种占空比，用示波器测量此时的输入电压 E、输出电压 u_o、输入电流 i_{in} 的平均值，将数值填写在表 9-2 中，并用示波器记录输出电压 u_o，电感电压 u_{L1}、u_{L2}，电感电流 i_{L1}、i_{L2} 相应的波形，将波形图贴于表 9-2 下方的方框中。同时，判断此时 Cuk 电路的工作状态为二极管电流 i_{D1} 连续还是断续，并记录。

③ 选取其他任意几种开关频率，用示波器测量此时的输入电压 E、输出电压 u_o、输入电流 i_{in} 的平均值，将数值填写在表 9-2 中，并用示波器记录输出电压 u_o，电感电压 u_{L1}、u_{L2}，电感电流 i_{L1}、i_{L2} 的波形，将波形图贴于表 9-2 下方的方框中。同时，判断此时 Cuk 电路的工作状态为二极管电流 i_{D1} 连续还是断续，并记录。

④ 观察并分析不同占空比情况下的输入电压 E 和输出电压 u_o 的测量结果，验证 Cuk 电路输出电压与输入电压之间的关系。

表 9-2　实验参数测试情况表

序号	输入电压	开关频率	占空比	输出电压	输入电流
1					
2					
3					
4					
5					

六、思考

（1）Cuk斩波电路和BOOST-BUCK斩波电路有什么不同,具体差异在哪些方面?

（2）全控器件开关频率的变化会对Cuk斩波电路有什么影响?

正激电路实验

一、实验目的

（1）熟悉正激电路的硬件组成和工作原理。

（2）掌握正激电路控制算法的设计流程。

（3）对正激电路正常工作情况作全面分析。

二、实验内容

（1）利用 RTULab 软件，设计正激电路的控制算法。

（2）观察并分析正激电路在不同占空比情况下的电压及电流波形，验证输出电压与输入电压之间的关系。

三、实验设备及仪器

（1）实时数字控制系统 RTUSmartPE100

（2）正激电路 PCB 电路板

（3）直流电压源

（4）电阻负载

（5）万用表

（6）示波器

（7）电压和电流探头

（8）导线若干

四、实验电路工作原理介绍

1. 电路工作原理

正激电路如图 10-1 所示。其中，Q_1 为全控型器件，此处选用场效应晶体管 MOSFET，

D_1、D_2、D_3 为二极管,L_1 为电感,C_1 为电解电容,R 为电阻负载,W_1、W_2、W_3 分别为变压器的原边绕组、副边绕组和复位绕组,绕组 W_1、W_2、W_3 的匝数分别为 N_1、N_2、N_3。E 为输入电压,u_o 为输出电压。其具体工作原理如下:

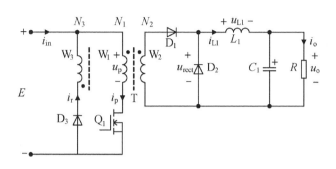

图 10-1　正激主电路原理图

① 当场效应晶体管 Q_1 导通时,输入电压 E 加在原边绕组 W_1 上,励磁电流 i_M 从零开始增加,副边绕组 W_2 电压通过二极管 D_1 和电感 L_1 向电阻负载供电,此时电感电流线性增长,电感储能。

② 当场效应晶体管 Q_1 关断时,复位绕组 W_3 将变压器中的能量反馈回电源,同时电感 L_1 通过续流二极管 D_2 将所储能量释放给负载供电,电感电流线性减少。

③ 当场效应晶体管 Q_1 关断,磁复位完成后,变压器所有绕组电压和电流均为 0,电感 L_1 继续通过续流二极管 D_2 将所储能量释放给负载供电,电感电流线性减少。

正激电路输入电压 E 和输出电压的平均值 U_o 的关系为:

$$\frac{U_o}{E} = \alpha \frac{N_2}{N_1}$$

式中,α 为占空比。由上式可知,α 减小,U_o 减小;α 增大,U_o 增大。

在正激电路中,磁芯复位是非常关键的。如果在 Q_1 导通期间,励磁电流未能完全释放,会导致变压器中的励磁电流不断积累,最终损坏电路中的元件。为了保证磁芯能够完全复位,必须使得 Q_1 关断时间满足一定要求,因此正激电路的占空比需要满足:

$$\alpha \leqslant \frac{N_1}{N_1 + N_3}$$

2. 电路实验平台

正激电路原理图如图 10-2 所示,PCB 板结构如图 10-3 所示,其所用元器件如表 10-1 所示。

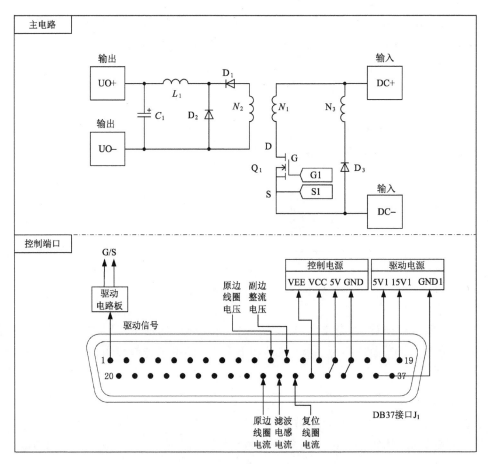

图 10-2 正激电路原理图

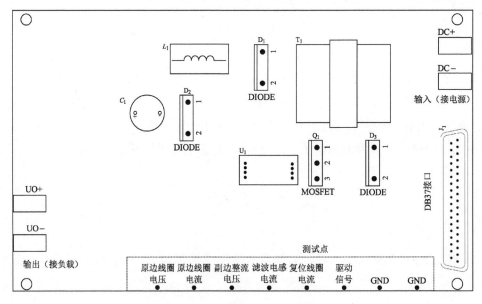

图 10-3 正激电路 PCB 结构图

表 10-1　正激电路元器件列表

PCB 符号	元器件名称	推荐型号或规格
Q_1	场效应管	IRFP250MPBF
D_1、D_2、D_3	二极管	SDUR30Q60
U_1	驱动电路	—
C_1	电解电容	100 μF
L_1	电感	0.2 mH
N_1、N_2、N_3	变压器	$N_1 : N_2 : N_3 = 1 : 2 : 1$
J_1	D-Sub 端口	DB37-2.77
DC＋、DC－、UO＋、UO－	香蕉头插孔	1P

（1）PCB 板介绍

- 电路连接方式：端口 DC＋、DC－连接直流电源，端口 UO＋、UO－连接负载，DB37 端子 J_1 提供场效应晶体管需要的驱动信号和电路板工作所需要的电源，并将测量信号反馈给控制器。

- 信号测量方式：正激电路正常工作时，可通过测量点"变压器原边电压""变压器原边电流""副边整流后电压""副边滤波电感电流""复位线圈电流"测量其代表的电路参数波形（以上测量点的信号均为经过采样电路调理后的弱电信号，详见附录 C）；可通过测量点"驱动信号"测量控制器所发出的 PWM 驱动信号。

（2）具体器件工作原理介绍

- 场效应晶体管 Q_1：N 通道功率 MOSFET，其额定电流为 30 A，额定电压为 200 V，漏源极电阻为 0.075 Ω。

- 二极管 $D_1 \sim D_3$：功率二极管，其额定电流为 30 A，额定电压为 600 V，正向导通压降为 1.56 V，最大反向恢复时间为 28 ns。

上述各元器件详细工作原理与性能指标可参阅官方手册。

五、实验方法

1. 电路连接

① 确认直流电压源为关闭状态。

② 将 DB37 信号接口 J_1 通过专用电缆与控制器控制接口（Control Port）连接，将端口 DC＋、DC－与直流电源相连，将端口 UO＋、UO－与负载相连。接线图见图 10-4。

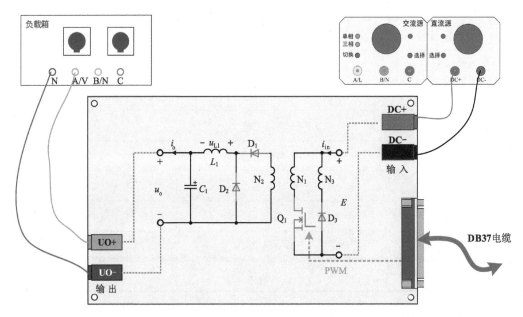

图 10-4　正激电路实验接线图

2. 电路性能测试

（1）控制算法设计

在计算机上利用 RTULab 软件，设计正激电路的控制算法（功能：输出一路固定占空比的 PWM 信号），并将控制算法填写在下方的方框中。

（2）观测电路电压及电流波形

注意：本实验中占空比 α 不可设置超过 0.5。

① 输入电压设置为 20 V，负载选取为 5 Ω，将开关频率设置为 20 kHz，占空比调节为

0.4,用示波器测量此时的输入电压 E、输出电压 u_o 的平均值,将数值填写在表 10-2 中,并用示波器记录原边绕组电压 u_p、原边绕组电流 i_p、二极管 D_2 两端电压 u_{rect}、电感电流 i_{L1}、复位绕组电流 i_r 的波形,将波形图贴于表 10-2 下方的方框中。同时,判断此时正激电路的工作状态为电感电流 i_{L1} 连续还是断续,并记录。

② 选取其他任意几种占空比,用示波器测量此时的输入电压 E、输出电压 u_o 的平均值,将数值填写在表 10-2 中,并用示波器记录原边绕组电压 u_p、原边绕组电流 i_p、二极管 D_2 两端电压 u_{rect}、电感电流 i_{L1}、复位绕组电流 i_r 的波形,将波形图贴于表 10-2 下方的方框中。同时,判断此时正激电路的工作状态为电感电流 i_{L1} 连续还是断续,并记录。

③ 观察并分析不同占空比情况下的输入电压 E 和输出电压 u_o 的测量结果,验证正激电路输出电压与输入电压之间的关系。

表 10-2 实验参数测试情况表

实验序号	输入电压	开关频率	占空比	输出电压
1				
2				
3				
4				

六、思考

(1) 如何通过电感伏秒平衡原理求得正激电路所允许的占空比最大值?

(2) 图 10-1 中 3 个二极管 D_1、D_2、D_3 的作用分别是什么?

反激电路实验

一、实验目的

（1）熟悉反激电路的硬件组成和工作原理。

（2）掌握反激电路控制算法的设计流程。

（3）对反激电路工作情况作全面分析。

二、实验内容

（1）利用 RTULab 软件，设计反激电路的控制算法。

（2）观察并分析反激电路在不同占空比情况下的电压及电流波形，验证输出电压与输入电压之间的关系。

三、实验设备及仪器

（1）实时数字控制系统 RTUSmartPE100

（2）反激电路 PCB 电路板

（3）直流电压源

（4）电阻负载

（5）万用表

（6）示波器

（7）电压和电流探头

（8）导线若干

四、实验电路工作原理介绍

1. 电路工作原理

反激电路如图 11-1 所示。其中，Q_1 为全控型器件，此处选用场效应晶体管 MOSFET，

D_1 为二极管，C_1 为电解电容，R 为电阻负载，T 为变压器，W_1、W_2 分别为变压器的原边绕组、副边绕组，E 为输入电压，i_{in} 为输出电流，u_o 为输出电压。其具体工作原理如下：

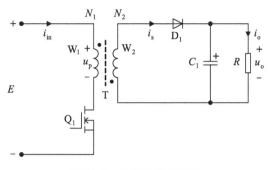

图 11-1　反激电路原理图

① 当场效应管 Q_1 导通时，输入电压 E 加在原边绕组 W_1 上，二极管 D_1 关断，形成副边开路状态。此时，原边电流 i_{in} 线性增加，变压器储能，电容 C_1 释放能量为负载提供能量。

② 当场效应管 Q_1 关断时，二极管 D_1 导通，副边绕组将变压器中的能量传递到副边侧，为负载提供能量，电容 C_1 储能。

反激电路输入电压 E 和输出电压的平均值 U_o 的关系为：

$$\frac{U_o}{E} = \frac{\alpha N_2}{(1-\alpha)N_1}$$

式中，α 为占空比，N_1、N_2 分别是 W_1、W_2 的匝数。由上式可知，当 $N_1 = N_2$ 时，反激电路的电压表达式与 BOOST-BUCK 电路相同，因此，反激电路是一种基于 BOOST-BUCK 电路的直流-直流变换器，同时，变压器 T 的变比也会影响输出电压的大小。

2. 电路实验平台

反激电路原理图如图 11-2 所示，PCB 板结构如图 11-3 所示，其所用元器件如表 11-1 所示。

表 11-1　反激主电路元器件列表

PCB 符号	元器件名称	推荐型号或规格
Q_1	场效应管	IRFP250MPBF
D_1	二极管	SDUR30Q60
U_1	驱动电路	—
C_1	电解电容	100 μF
N_1、N_2	变压器	$N_1 : N_2 = 2 : 1$
J_1	D-Sub 端口	DB37-2.77
DC+、DC−、UO+、UO−	香蕉头插孔	1P

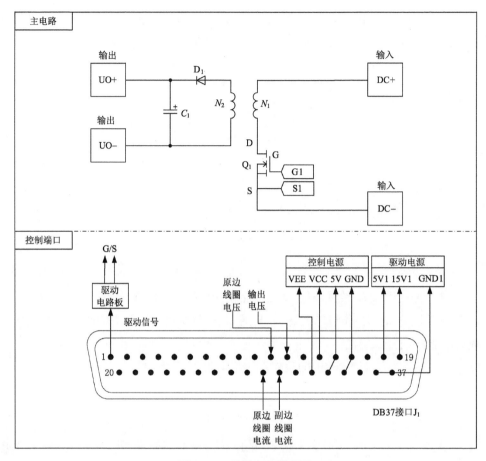

图 11-2　反激电路原理图

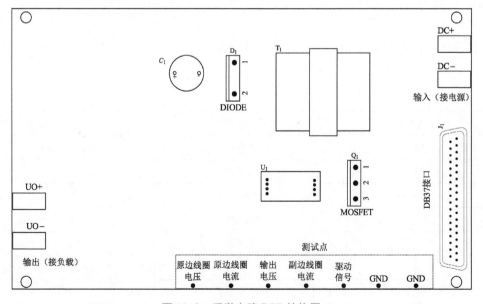

图 11-3　反激电路 PCB 结构图

（1）PCB 板介绍

- 电路连接方式：端口 DC＋、DC－连接直流电源，端口 UO＋、UO－连接负载，DB37 端子 J_1 提供场效应晶体管工作需要的驱动信号和电路板工作所需的电源，并将测量信号反馈给控制器。

- 信号测量方式：反激电路正常工作时，可通过测量点"变压器原边电压""变压器原边电流""输出电压""变压器副边电流"测量其代表的电路参数波形（以上测量点的信号均为经过采样电路调理后的弱电信号，详见附录 C）；可通过测量点"驱动信号"测量控制器所发出的 PWM 驱动信号。

（2）器件介绍

- 场效应晶体管 Q_1：N 通道功率 MOSFET，其额定电流为 30 A，额定电压为 200 V，漏源极电阻为 0.075 Ω。

- 二极管 D_1：功率二极管，其额定电流为 30 A，额定电压为 600 V，正向导通压降为 1.56 V，最大反向恢复时间为 28 ns。

上述各元器件详细工作原理与性能指标可参阅官方手册。

五、实验方法

1. 电路连接

① 确认直流电压源为关闭状态。

② 将 DB37 信号接口 J_1 通过专用电缆与控制器控制接口（Control Port）连接，将端口 DC＋、DC－与直流电源相连，将端口 UO＋、UO－与负载相连。接线图见图 11-4。

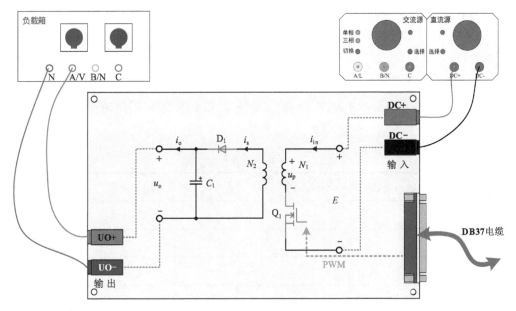

图 11-4　反激电路实验接线图

2. 电路性能测试

(1) 控制算法设计

在计算机上利用 RTULab 软件，设计反激电路的控制算法（功能：输出一路固定占空比的 PWM 信号），并将控制算法填写在下方的方框中。

(2) 观测反激电路电压及电流波形

① 输入电压设置为 20 V，负载选取为 15 Ω，将开关频率设置为 10 kHz，占空比调节为 0.7，用示波器测量此时的输入电压 E、输出电压 u_o、输入电流 i_{in} 的平均值，将测量结果填写在表 11-2 中，并用示波器记录原边绕组电压 u_p、变压器原边电流 i_{in}、输出电压 u_o、副边绕组电流 i_s 的波形，将波形图贴于表 11-2 下方的方框中。同时，判断此时反激电路工作在连续状态还是断续状态并记录。

② 选取其他任意几种占空比，用示波器测量此时的输入电压 E、输出电压 u_o、输入电流 i_{in} 的平均值，将测量结果填写在表 11-2 中，并用示波器记录原边绕组电压 u_p、变压器原边电流 i_{in}、输出电压 u_o、副边绕组电流 i_s，将波形图贴于表 11-2 下方的方框中。同时，判断此时反激电路工作在连续状态还是断续状态，并记录。

③ 观察并分析不同占空比情况下的输入电压 E 和输出电压 u_o 的测量结果，验证反激电路输出电压与输入电压之间的关系。

表 11-2 实验参数测试情况表

实验序号	输入电压	开关频率	占空比	输出电压	输入电流
1					
2					
3					
4					

六、思考

1. 当负载变化范围较小时,反激变换器一般设计在连续导通模式还是断续导通模式?请阐述原因。

2. 反激变换器连续导通模式和断续导通模式下输出电压有什么区别?

单相交流调压电路实验

一、实验目的

(1) 熟悉单相交流调压电路的硬件组成和工作原理。

(2) 掌握单相交流调压电路控制算法的设计流程。

(3) 对单相交流调压电路供电阻性和阻感性负载时的工作情况作全面分析。

二、实验内容

(1) 利用 RTULab 软件,设计单相交流调压电路的控制算法。

(2) 观察并分析单相交流调压电路供电阻性负载和阻感性负载时电压及电流波形,总结输出电压与控制角之间的关系。

三、实验设备及仪器

(1) 实时数字控制系统 RTUSmartPE100

(2) 单相交流调压电路 PCB 电路板

(3) 单相交流电源

(4) 电阻负载和电感负载

(5) 万用表

(6) 示波器

(7) 电压和电流探头

(8) 导线若干

四、实验电路工作原理介绍

1. 电路工作原理

单相交流调压电路如图 12-1 所示,其中,T_1 和 T_2 是晶闸管,也可用一个双向晶闸管代替，R 是电阻负载。u_{in} 为输入交流电压，u_o 为输出电压，i_o 为负载电流。其中，$u_{in}=\sqrt{2}U_{in}\sin(\omega t)$，$U_{in}$ 为输入电压的有效值，ω 为角频率。单相交流调压电路工作波形如图12-1所示，具体如下：

- $0\sim\alpha$：晶闸管 T_1 和 T_2 由于无门极触发电压 u_{g1} 和 u_{g2} 而不导通，输出电压 u_o 为 0，输出电流 i_o 为 0。α 为控制角。

- $\alpha\sim\pi$：在 $\omega t=\alpha$ 时刻，晶闸管 T_1 承受正向阳极电压且门极加上触发电压 u_{g1}，满足晶闸管导通条件，晶闸管 T_1 导通。此时，输出电压 u_o 等于输入电压 u_{in}，输出电流为 $i_o=u_{in}/R$。

- $\pi\sim\alpha+\pi$：在 $\omega t=\pi$ 时刻，输入电压 u_{in} 过零，晶闸管 T_1 关断，输出电压 u_o 为 0，输出电流 i_o 为 0。

- $\alpha+\pi\sim2\pi$：在 $\omega t=\alpha+\pi$ 时刻，晶闸管 T_2 承受正向阳极电压且门极加上触发电压 u_{g2}，满足晶闸管导通条件，晶闸管 T_2 导通。此时，输出电压 u_o 等于输入电压 u_{in}，输出电流为 $i_o=u_{in}/R$。

单相交流调压电路输出电压 u_o 的有效值 U 为：

$$U=\sqrt{\frac{1}{\pi}\int_\alpha^\pi(u_{in})^2\,\mathrm{d}\omega t}=U_{in}\sqrt{\frac{1}{2\pi}\sin2\alpha+\frac{\pi-\alpha}{\pi}}$$

单相交流调压电路的输入侧功率因数为：

$$\cos\varphi=\frac{P}{S}=\frac{UI}{U_{in}I}=\frac{U}{U_{in}}=\sqrt{\frac{1}{2\pi}\sin2\alpha+\frac{\pi-\alpha}{\pi}}$$

其中，I 为输出电流 i_o 的有效值。

由上式可知，控制角 α 增大，U 减小；控制角 α 减小，U 增大。可以看出，单相交流调压电路带电阻性负载时，晶闸管 T 的控制角 α 的移相范围为 $0\sim180°$。

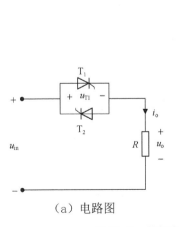
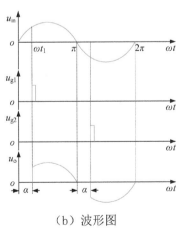

（a）电路图　　　　　　　　（b）波形图

图 12-1　单相交流调压电路及其工作波形

2. 电路实验平台

单相交流调压电路原理图如图 12-2 所示,PCB 板结构如图 12-3 所示,其所用元器件如表 12-1 所示。

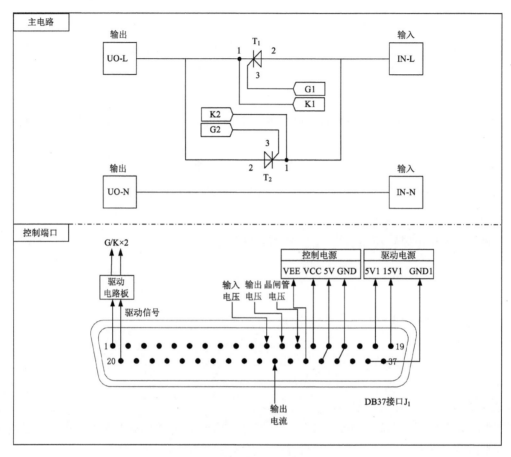

图 12-2 单相交流调压电路原理图

表 12-1 单相交流调压电路元器件列表

PCB 符号	元器件名称	推荐型号
J_1	D-Sub 端口	DB37-2.77
U_1、U_2	驱动电路	—
T_1、T_2	晶闸管	TYN625
IN-L、IN-N、UO-L、UO-N	香蕉头插孔	1P

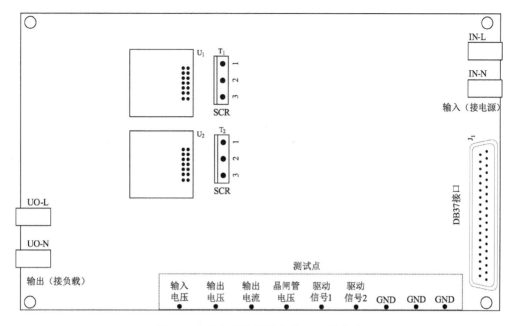

图 12-3　单相交流调压电路 PCB 结构图

（1）PCB 板介绍

- 电路连接方式：端口 IN-L、IN-N 连接单相交流电源，端口 UO-L、UO-N 连接负载，DB37 端子 J_1 提供晶闸管工作需要的驱动信号和电路板工作所需的电源，并将测量信号反馈给控制器。

- 信号测量方式：单相交流调压电路正常工作时，可通过测量点"输入电压""输出电压""输出电流""晶闸管电压"测量其代表的电路参数波形（以上测量点的信号均为经过采样电路调理后的弱电信号，详见附录 C）；可通过测量点"驱动信号 1""驱动信号 2"测量控制器所发出的晶闸管驱动信号。

（2）器件介绍

- 晶闸管 T_1-T_2：标准相控晶闸管，其额定电流为 25 A，额定电压为 600 V，门极驱动电流为 40 mA，最大门极驱动电流为 4 A。

上述各元器件详细工作原理与性能指标可参阅官方手册。

五、实验方法

1. 电路连接

① 确认单相交流电源为关闭状态。

② 将 DB37 信号接口 J_1 通过专用电缆与控制器控制接口（Control Port）连接，端口 IN-L、IN-N 与单相交流电源相连，端口 UO-L、UO-N 与负载相连。接线图请见图 12-4。

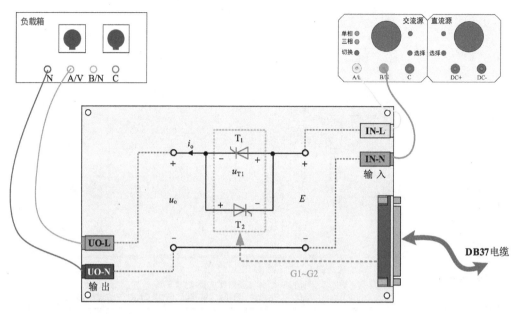

图 12-4　单相交流调压电路实验接线图

2. 电路性能测试

（1）控制算法设计

在计算机上利用 RTULab 软件，设计单相交流调压电路的控制算法（功能：输出控制角可调的晶闸管的驱动信号），并将控制算法填写在下方的方框中。

（2）观测电路电压及电流波形

① 设置输入交流电压幅值为 30 V，选取负载为 15 Ω 的电阻，设置控制角为 90°，用示波器测量此时的输入电压 u_{in}、输出电压 u_o 和输出电流 i_o 的有效值，计算输入功率因数，将数值填写在表 12-2 中；并用示波器记录输入电压 u_{in}、输出电压 u_o、输出电流 i_o、晶闸管电压

u_{T1} 相应的波形,将波形图贴于表 12-2 下方的方框中。

②　选取其他任意几种控制角,测量此时的输入电压 u_{in}、输出电压 u_o 和输出电流 i_o 的有效值,计算输入功率因数,将数值填写在表 12-2 中;并用示波器记录输入电压 u_{in}、输出电压 u_o、输出电流 i_o、晶闸管电压 u_{T1} 相应的波形,将波形贴于下方方框中。

③　观察并分析不同控制角下输入电压 u_{in} 和输出电压 u_o 的测量结果,验证单相交流调压电路输出电压与控制角之间的关系。

④　将负载调整为 10 mH 的电感串联 5 Ω 的电阻,选取以上纯电阻负载情况下的三种控制角,测量此时输入电压 u_{in}、输出电压 u_o 和输出电流 i_o 的有效值,将数值填写在表 12-2 中;并用示波器记录输入电压 u_{in}、输出电压 u_o、输出电流 i_o、晶闸管电压 u_{T1} 相应的波形,将波形图贴于表 12-2 下方的方框中,并和纯电阻负载情况进行比较。

表 12-2　实验参数情况表

实验序号	负载	控制角	输入电压	输出电压	输出电流	功率因数
1						
2						
3						
4						
5						
6						

六、思考

(1) 交流调压电路带感性负载需要注意什么? 可能会出现什么现象?

(2) 交流调压电路有哪些控制方式? 哪些应用场合?

电压源型单相全桥逆变电路实验

一、实验目的

（1）熟悉电压源型单相全桥逆变电路的硬件组成和工作原理。

（2）掌握电压源型单相全桥逆变电路控制算法的设计流程。

（3）对电压源型单相全桥逆变电路正常工作情况作全面分析。

二、实验内容

（1）利用 RTULab 软件，对逆变电路的 PWM 开环控制算法进行设计。

（2）观察并分析电压源型单相全桥逆变电路在不同调制比情况下的电压及电流波形。

三、实验设备及仪器

（1）实时数字控制系统 RTUSmartPE100

（2）电压源型单相全桥逆变主电路 PCB 板

（3）直流电压源

（4）电阻负载和电感负载

（5）万用表

（6）示波器

（7）电压和电流探头

（8）导线若干

四、实验电路工作原理介绍

1. 电路工作原理

电压源型单相全桥逆变主电路原理图如图 13-1 所示。其中，$Q_1 \sim Q_4$ 为全控型器件，此处选用场效应晶体管 MOSFET，$D_1 \sim D_4$ 为二极管，分别与 $Q_1 \sim Q_4$ 反并联，L 和 R 分别为负载电感和负载电阻。E 为输入电压，u_o 为输出电压。开关管采用双极性脉宽调制方式。$Q_1(D_1)$ 和 $Q_4(D_4)$ 同时开通或关断，$Q_2(D_2)$ 和 $Q_3(D_3)$ 同时开通或关断，两组功率器件交替导通 $180°$。电压源型单相全桥逆变电路的工作波形如图 13-1 所示，具体如下：

- $0\sim t_1$：Q_1 和 Q_4 分别施加触发电压 u_{g1} 和 u_{g4}，Q_2 和 Q_3 无触发电压。Q_1 和 Q_4 导通，负载电流由 a 流向 b，输出电压为正向电源电压，即 $u_o=E$。

- $t_1\sim t_2$：Q_1 和 Q_4 无触发电压，Q_2 和 Q_3 分别施加触发电压 u_{g2} 和 u_{g3}。因为电感电流会慢慢降为零，这时 Q_2 和 Q_3 不会马上导通，电流从直流电压源经过 D_2 后从 a 端流向 b 端再经过 D_3 流回电源，负载两端电压为反向电源电压，即 $u_o=-E$。

- $t_2\sim t_3$：Q_1 和 Q_4 无触发电压，Q_2 和 Q_3 分别施加触发电压 u_{g2} 和 u_{g3}。当电流降为 0，Q_2 和 Q_3 导通，电流从直流电压源经过 Q_3 后从 b 端流向 a 端再经过 Q_2 流回电源，负载两端电压为反向电源电压，即 $u_o=-E$。

- $t_3\sim t_4$：Q_1 和 Q_4 分别施加触发电压 u_{g1} 和 u_{g4}，Q_2 和 Q_3 无触发电压。因为电感电流会慢慢降为零，这时 Q_1 和 Q_4 不会马上导通，电流从直流电压源经过 D_4 后从 b 端流向 a 端再经过 D_1 流回电源，负载两端电压为正向电源电压，即 $u_o=E$。

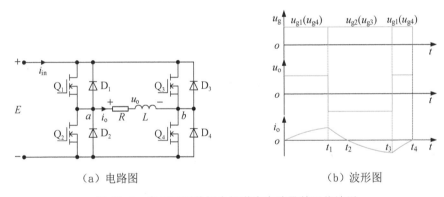

（a）电路图　　　　　　　　（b）波形图

图 13-1　电压源型单相全桥逆变电路及其工作波形

2. 电路实验平台

电压源型单相全桥逆变电路原理图如图 13-2 所示，PCB 板结构如图 13-3 所示，其所用元器件如表 13-1 所示。

表 13-1　电压源型单相全桥逆变电路元件清单

PCB 符号	元器件名称	推荐型号
Q_1、Q_2、Q_3、Q_4	场效应管	IRFP250MPBF
D_1、D_2、D_3、D_4	二极管	$Q_1\sim Q_4$ 内置
U_1、U_2	驱动芯片	SLM27211CA-DG
J_1	D-Sub 端口	DB37-2.77
DC+、DC−、OUT-L、OUT-N	香蕉头插孔	1P

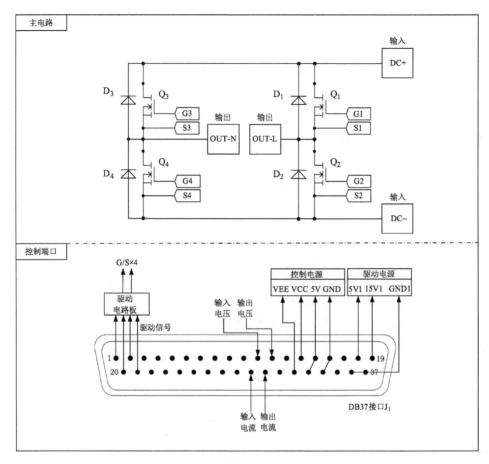

图 13-2 单相全桥逆变主电路 PCB 板原理图

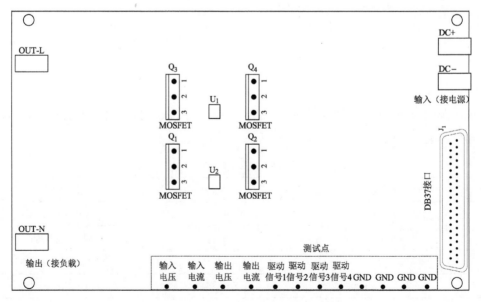

图 13-3 电压源型单相全桥逆变电路 PCB 结构图

（1）PCB 板介绍

- 电路连接方式：端口 DC＋、DC－连接直流电源，端口 OUT-L 与 OUT-N 连接负载，DB37 端子 J_1 提供场效应晶体管工作需要的驱动信号和电路板工作所需的电源，并将测量信号反馈给控制器。
- 信号测量方式：电压源型单相全桥逆变电路正常工作时，可通过测量点"输入电压""输入电流""输出电压""输出电流"测量其代表的电路参数波形（以上测量点的信号均为经过采样电路调理后的弱电信号，详见附录 C）；可通过测量点"驱动信号 1"～"驱动信号 4"测量控制器所发出的 PWM 驱动信号。

（2）器件介绍

- 场效应晶体管 Q_1～Q_4：N 通道功率 MOSFET，其额定电流为 30 A，额定电压为 200 V，漏源极电阻为 0.075 Ω。
- 二极管 D_1～D_4：功率二极管，其额定电流为 30 A，额定电压为 600 V，正向导通压降为 1.56 V，最大反向恢复时间为 28 ns。

上述各元器件详细工作原理与性能指标可参阅官方手册。

五、实验方法

1. 电路连接

① 确认直流电压源为关闭状态。

② 将 DB37 信号接口 J_1 通过专用电缆与控制器控制接口（Control Port）连接，将端口 DC＋、DC－与直流电源相连，将端口 OUT-L、OUT-N 与负载相连。接线图见图 13-4。

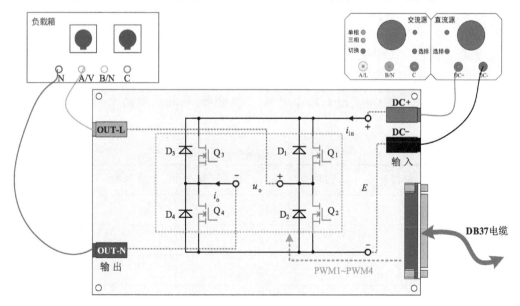

图 13-4 电压源型单相全桥逆变电路实验接线图

2. 电路性能测试

(1) 控制算法设计

在计算机上利用 RTULab 软件,设计电压源型单相全桥逆变电路的控制算法(功能:输出开关频率可调的可控型器件驱动信号),对所设计的控制算法进行记录,填写在下方的方框中。

(2) 观测电路电压及电流波形

① 输入电压设置为 20 V,负载电阻选取为 5 Ω,电感选择 10 mH,设置开关频率为 200 Hz,用示波器测量此时的输入电压 E 和输入电流 i_{in} 的平均值、输出电压 u_o 和输出电流 i_o 的有效值,将测量结果填写在表 13-2 中,并用示波器记录直流母线电压 u_{in}、输入电流 i_{in}、输出电压 u_o、输出电流 i_o 的波形,将波形图贴于表 13-2 下方的方框中。

② 选取其他任意几种开关频率,测量此时的输入电压 E 和输入电流 i_{in} 的平均值、输出电压 u_o 和输出电流 i_o 的有效值,将测量结果填写在表 13-2 中,并用示波器记录直流母线电压 E、输入电流 i_{in}、输出电压 u_o、输出电流 i_o 的波形,将波形图贴于表 13-2 下方的方框中。

表 13-2　实验参数测试情况表

序号	输入电压	开关频率	输出电压	输入电流	输出电流
1					
2					
3					
4					

六、思考

（1）双极性调制和单极性调制的区别在哪里？如果实验采用单极性调制，波形会有什么变化？

（2）电压源型逆变电路中二极管的作用是什么？如果逆变电路中没有反并联二极管会出现什么现象？

电压源型三相桥式逆变电路实验

一、实验目的

（1）熟悉电压源型三相桥式逆变电路的硬件组成和工作原理。

（2）掌握电压源型三相桥式逆变电路控制算法的设计流程。

（3）对电压源型三相桥式逆变电路的工作情况作全面分析。

二、实验内容

（1）利用 RTULab 软件，设计电压源型三相桥式逆变电路的控制算法。

（2）观察并分析电压源型三相桥式逆变电路在不同调制比情况下的电压及电流波形。

三、实验设备及仪器

（1）实时数字控制系统 RTUSmartPE100

（2）电压源型三相桥式逆变主电路 PCB 电路板

（3）直流电压源

（4）电阻负载

（5）万用表

（6）示波器

（7）电压和电流探头

（8）导线若干

四、实验电路工作原理介绍

1. 电压源型三相桥式逆变主电路工作原理

电压源型三相桥式逆变主电路的原理图如图 14-1 所示。其中，Q_1、Q_2、Q_3、Q_4、Q_5、Q_6 为全控型器件，此处选用场效应晶体管 MOSFET。D_1、D_2、D_3、D_4、D_5、D_6 为二极管，分别与

$Q_1 \sim Q_6$ 反并联,负载为星形连接,N 是其中性点,E 为输入电压。为分析方便,将直流输入电压拆分为两个串联电压源,两电压源之间形成假想中点 N',并将该点作为电位参考点。

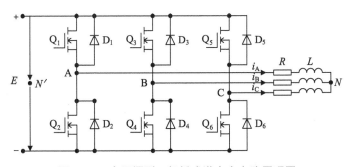

图 14-1　电压源型三相桥式逆变主电路原理图

开关管采用双极性的 SPWM 调制方式,即比较正弦调制波与双极性三角载波,进而得到开关管驱动信号。以 A 相桥臂为例,其具体工作原理如下:

① 当场效应晶体管 Q_1 导通、Q_2 关断时,$u_{AN'} = E/2$;

② 当场效应晶体管 Q_1 关断、Q_2 导通时,$u_{AN'} = -E/2$;

同时,为实现三相输出,需要使三相调制波彼此错开 120°相角,A、B、C 三相调制波可以表示为:

$$\begin{cases} y_A = m \sin(\omega_0 t + \theta) \\ y_B = m \sin(\omega_0 t + \theta - 120°) \\ y_C = m \sin(\omega_0 t + \theta + 120°) \end{cases}$$

其中,m 是调制比,ω_0 是角频率,θ 是相角。通过改变调制比 m,就可以改变输出电压基波的幅值;通过改变角频率 ω,可以改变输出电压基波的频率;通过改变相角 θ,可以改变输出电压基波的相角。

2. 电路实验平台

电压源型三相桥式逆变电路原理图如图 14-2 所示,PCB 板结构如图 14-3 所示,其所用元器件如表 14-1 所示。

表 14-1　电压源型三相桥式逆变电路元器件列表

PCB 符号	元器件名称	推荐型号
$Q_1 \sim Q_6$	场效应管	IRFP250MPBF
$D_1 \sim D_6$	二极管	$Q_1 \sim Q_6$ 内置
U_1、U_2、U_3	驱动芯片	SLM27211CA-DG
J_1	D-Sub 端口	DB37-2.77
DC+、DC−、A、B、C	香蕉头插孔	1P

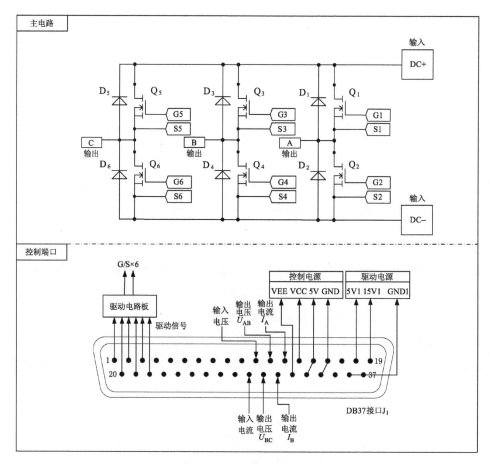

图 14-2　电压源型三相桥式逆变电路原理图

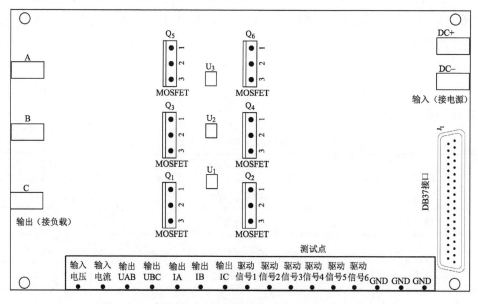

图 14-3　电压源型三相桥式逆变主电路 PCB 板结构图

（1）PCB 板工作原理介绍

- 电路连接方式：端口 DC＋与 DC－连接直流电压源的正极与负极，A、B、C 三相输出端子连接三相阻感负载，DB37 端子 J_1 提供场效应晶体管工作需要的驱动信号和电路板工作所需要的电源，并将测量信号反馈给控制器。
- 信号测量方式：三相桥式逆变电路正常工作时，可通过测量点"输入电压""输入电流""输出电压""输出电流"测量其代表的电路参数波形（以上测量点的信号均为经过采样电路调理后的弱电信号，详见附录 C）；可通过测量点"驱动信号 1"～"驱动信号 6"测量控制器所发出的 PWM 驱动信号。

（2）器件介绍

- 场效应晶体管 Q：N 通道功率 MOSFET，其额定电流为 30 A，额定电压为 200 V，漏源极电阻为 0.075 Ω。
- 二极管 $D_1 \sim D_6$：功率二极管，其额定电流为 30 A，额定电压为 600 V，正向导通压降为 1.56 V，最大反向恢复时间为 28 ns。

上述各元器件详细工作原理与性能指标可参阅官方手册。

五、实验方法

1. 电路连接

① 确认直流电压源为关闭状态。

② 将 DB37 信号接口 J_1 通过专用电缆与控制器控制接口（Control Port）连接，将端口 DC＋、DC－与直流电源相连，将端口 A、B、C 与三相阻感负载相连。接线图见图 14-4。

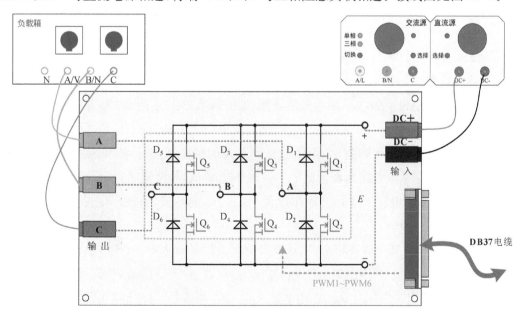

图 14-4　电压型三相桥式逆变电路实验接线图

2. 电路性能测试

(1) 控制算法设计

在计算机上利用 RTULab 软件,设计电压源型三相桥式逆变电路的控制算法(功能:比较调制波与双极性三角载波得到三相 SPWM 信号),并将控制算法填写在下方的方框中。

(2) 观测电压源型三相桥式逆变电路电压及电流波形

① 设置输入电压为 24 V,选取负载为 15 Ω 的电阻和 10 mH 的电感,设置载波频率为 10 kHz,调制比为 0.8,用示波器测量此时的输入电压 E 和输入电流的平均值,输出侧电压 u_{AB}、u_{BC} 和输出侧电流 i_A、i_B、i_C 的有效值,将测量结果填写在表 14-2 中,并用示波器记录输出电压 u_{AB}、u_{BC},输出电流 i_A、i_B、i_C 的波形,将波形图贴于表 14-2 下方的方框中。

② 选取其他任意几种调制比,用示波器测量此时的输入电压 E 和输入电流的平均值,输出侧电压 u_{AB}、u_{BC} 和输出侧电流 i_A、i_B、i_C 的有效值,将测量结果填写在表 14-2 中,并用示波器记录输出电压 u_{AB}、u_{BC},输出电流 i_A、i_B、i_C 的波形,将波形图贴于表 14-2 下方的方框中。

③ 选取其他任意几种载波频率,用示波器测量此时的输入电压 E 和输入电流的平均值,输出侧电压 u_{AB}、u_{BC} 和输出侧电流 i_A、i_B、i_C 的有效值,将测量结果填写在表 14-2 中,并用示波器记录输出电压 u_{AB}、u_{BC},输出电流 i_A、i_B、i_C 的波形,将波形图贴于表 14-2 下方的方框中。

表 14-2　实验参数测试情况表

实验序号	输入电压	输入电流	调制比	载波频率	输出电压	输出电流
1						
2						
3						
4						
5						

六、思考

（1）在实验中如何保证上桥臂和下桥臂不会同时导通？

（2）有哪些方法可以降低输出侧谐波含量，使得输出波形更加趋近于正弦波？

附录 A

平台主机介绍

附录 A 是 RTUSmartPE100 控制平台的概述,介绍 RTUSmartPE100 各个部分的基本功能。

一、RTUSmartPE100 简介

RTUSmartPE100 是一种基于模型设计、具有代码自动生成功能的实时数字控制器,配套高校本科生电力电子实验平台使用。与现有的快速原型系统(RPS)相比,RTUSmartPE100 使用简单、灵活性强、成本更低。

RTUSmartPE100 控制平台由硬件控制器 RTUSmartPE100、底层驱动软件包 RTU.Lib、集成开发环境 RTULab、Simulink 模型库 RTU-LAB Toolbox 和实时代码生成组件 RTU-Coder 组成,如图 A-1 所示。

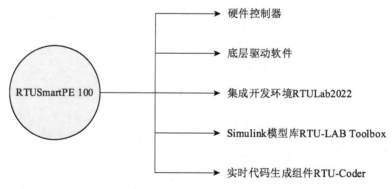

图 A-1　RTUSmartPE100 控制平台

底层驱动软件包 RTU.Lib 将硬件功能的驱动函数进行了封装,并经过精心优化设计使其符合实际工程应用需求的程序框架。用户使用时无需关注底层,只需调用相应的模型或者功能函数,增强了自动生成代码的可读性,提高了代码执行效率。

集成开发环境 RTULab 负责工程的统一管理,将 Simulink 中的模型文件以及生成的

代码文件导入,并结合框架程序转化成产品级的工程代码,下载入硬件控制器中运行。通过自定义的图形化界面,用户可以对程序中的任意变量进行在线观测和调整,同时还可以观察变量的实时波形、保存并导出波形的数据。

模型库 RTU-LAB Toolbox 是系统集成于 Matlab/Simulink 环境中的功能模块库,是对 Simulink 工具箱的补充和扩展,提供了系统中所有硬件资源的 Simulink 封装模块。用户能够直接将硬件功能集成到 Simulink 中,便于设计硬件控制模型。

控制电路已集成至 RTUSmartPE100 中,一般情况下,用户仅需将编写的算法/模型通过 RTULab 导入 RTUSmartPE100 中,就可以实现产品的快速开发。

二、RTUSmartPE100 功能

图 A-2 是实验中用到的 RTUSmartPE100 面板主视图。RTUSmartPE100 有 5 个功能部分。

① 电源开关;

② DAC 接口;

③ 屏幕显示;

④ 指示灯;

⑤ 控制端口。

图 A-2　RTUSmartPE100 面板主视图

三、RTUSmartPE100 硬件介绍

对应图 A-2 中所示各部分,该小节简要介绍了 RTUSmartPE100 各个部分的功能与特性。

1. 电源开关

RTUSmartPE100 正常工作时需要 5 V 供电,各电力电子实验板需多种电源(±15 V 等),此开关控制上述多种电源的开通和关断。

2. DAC 接口

DAC 接口可以将数字量转换成模拟信号输出,一共有 4 通道的模拟量输出,分别为DAC1、DAC2、DAC3 和 DAC4。一般将 DAC 接口与示波器连接。

3. 屏幕显示

显示屏是 1.3 英寸 OLED 液晶,用于显示设备运行的状态信息和运行超负荷提醒。

4. 指示灯

RTUSmartPE100 有 4 个指示灯，具体显示状态如下：

POWER——电源开关开通后，常亮；

RUN——运行时规律闪烁；

ERR1——预留；

ERR2——预留。

5. 控制端口

RTUSmartPE100 的控制端口是一个 DB37 信号接口，用于将控制信号传输至各电力电子实验板，并反馈采样信号至 RTUSmartPE100。该端子具体引脚如图 A-3 所示。

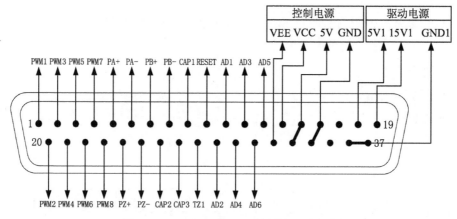

图 A-3　RTUSmartPE100 控制端口引脚图

采样信号对应 RTU-LAB Toolbox 中 ADC 模块的具体通道见表 A-1 所示。ADC 模块功能详见附录 B。

表 A-1　RTUSmartPE100 控制端口采样信号

引脚号	控制端口采样信号	ADC 模块通道
11	AD1	ADCIN00
29	AD2	ADCIN01
12	AD3	ADCIN02
30	AD4	ADCIN03
13	AD5	ADCIN04
31	AD6	ADCIN05

平台软件介绍

RTULab 是与 RTUSmartPE100 配套的集成开发环境。附录 B 主要介绍了其使用方法和一些实验中用到的模型。

一、RTULab 使用方法

1. RTULab 简介

RTULab 是 Rtunit 自主研发的与 RTUSmartPE100 配套的集成开发环境,可与Matlab 无缝衔接。在 RTULab 中,可以新建管理工程、升级 Simulink 库与框架程序、将Simulink 模型转换为 C 语言程序、编译下载程序,在程序运行的过程中可以实时修改参数、观测波形、导出数据等。RTULab 界面如图 B-1 所示。

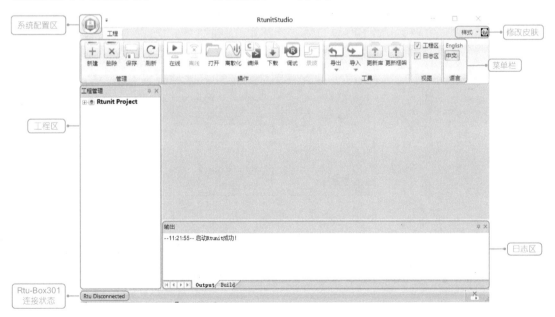

图 B-1 RTULab 界面

RTULab 界面由菜单栏、工程区、日志区、系统配置区 4 个主要部分组成。RTULab 可以实时显示与 RTUSmartPE100 的连接状态。下面将以一个实例介绍如何使用 RTULab 进行开发与调试。

2. 新建工程

单击 RTULab 界面菜单栏"新建"按钮,弹出如图 B-2 所示菜单,填入工程名称、设备类型和 IP 地址等相关信息。

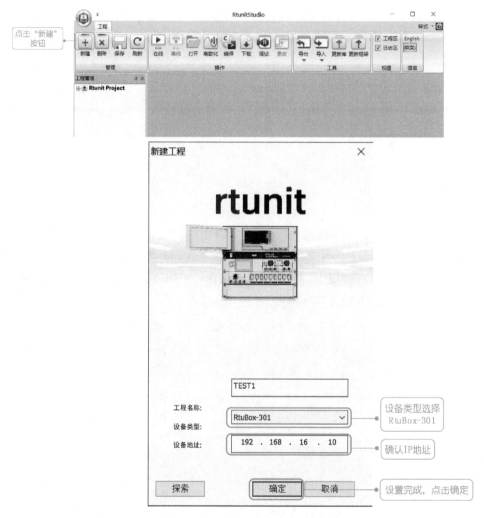

图 B-2　创建新工程

3. 创建 Logic 模型

(1) 双击工程区域新建的"TEST1"工程,使其处于 Active Project 模式,如图 B-3 所示。

注意:RTULab 菜单栏的所有操作仅对当前处于 Active Project 模式下的工程有效。

图 B-3　创建 Logic 模型(1)

（2）双击"Logic"按钮进入 Matlab/Simulink 界面，如图 B-4 所示。

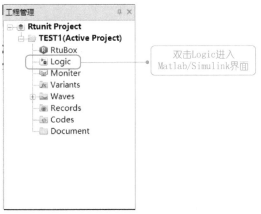

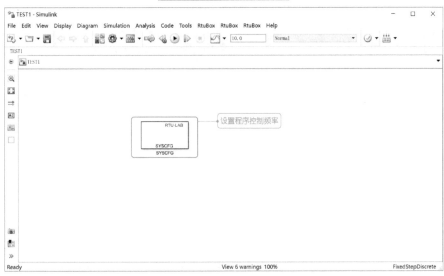

图 B-4　创建 Logic 模型(2)

（3）在图 B-4 所示模型中搭建界面构建模型，如图 B-5 所示。模型搭建完成之后先点击"保存"，然后单击"RtuBox"按钮下的"Rtu-Lab Code Generate"生成代码，Logic 模型进入代码生成阶段。

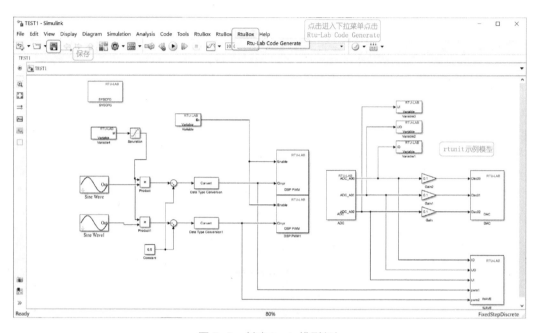

图 B-5　创建 Logic 模型(3)

（4）待 Matlab 主界面的命令行窗口显示"TEST1 generate code succeed!"，模型代码生成完成，如图 B-6 所示。

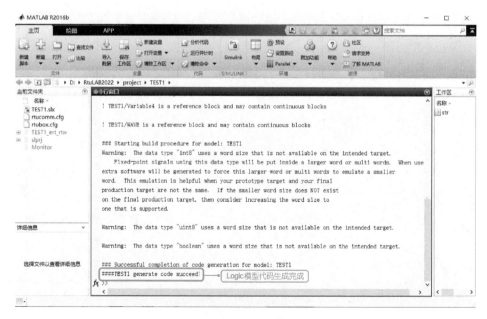

图 B-6　创建 Logic 模型(4)

4. 编译 & 下载

（1）Logic 模型代码生成完成后，在 RTULab 界面单击"编译"按钮，进入编译状态，待 RTULab 日志区显示"编译成功"后，完成编译，如图 B-7 所示；

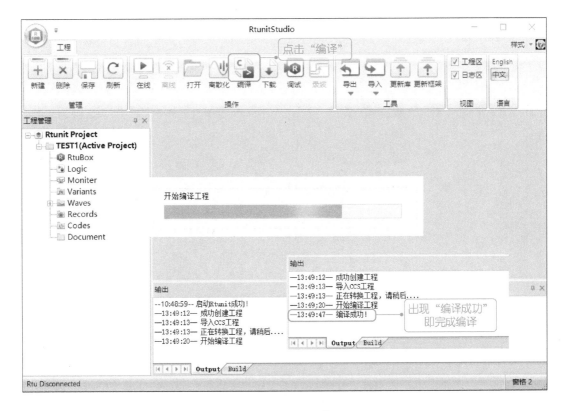

图 B-7　编译 & 下载(1)

（2）编译完成后，通过以太网线连接 RTUSmartPE100 与计算机，单击 RTULab 菜单栏中的"下载"按钮，将程序下载至 RTUSmartPE100 中，如图 B-8 所示。程序成功完成更新，RTUSmart PE100 发出提示音并自动重启。待 POWER 板上屏幕显示运行正常，表示更新的程序开始工作。

5. 调试

RTULab 可以通过"调试"按钮实现一键编译、下载，如图 B-9 所示。

6. 参数观测/调试

可以将想要调试/观测的参数，如(母线电压 U)通过 Variable 模块显示在 RTULab 界面上。双击"Variants"按钮弹出变量列表，单击菜单栏中的"在线"按钮观测/调试，如图 B-10 所示。

注意：待 RTUSmartPE100 显示正常运行后，方可单击"在线"按钮。

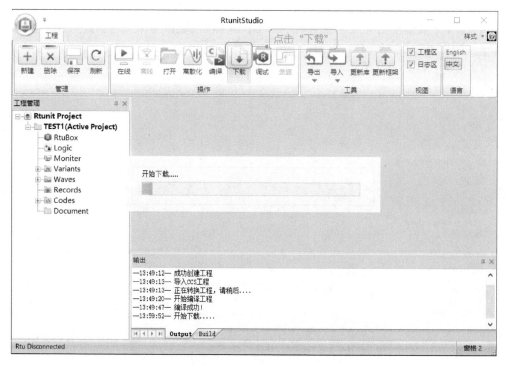

图 B-8 编译 & 下载(2)

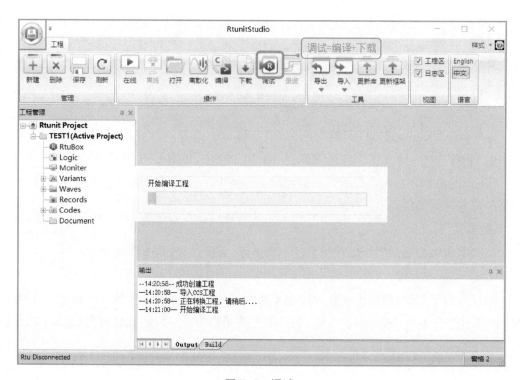

图 B-9 调试

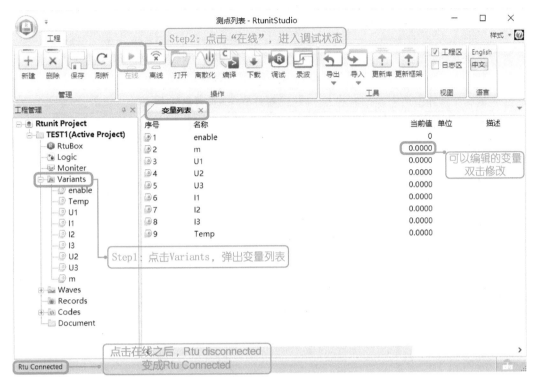

图 B-10　参数观测/调试

7. 波形观测

可以将想要观测的参数波形通过 Wave 模块显示在 RTULab 界面上。点击"Waves"图标,弹出查看波形界面,如图 B-11 和图 B-12 所示。

Waves 菜单栏介绍:

表 B-1　Waves 菜单栏项目列表

项目	备注
运行	波形随程序进行实时更新
暂停	波形暂停,不随程序进行更新
导出波形	波形暂停前提下,将波形数据以.csv 格式保存至指定位置
记录数据	将数据实时记录在.csv 文件中,双击 Waves/Data,可查看数据文件
上移	将选中的波形向上移动
下移	将选中的波形向下移动
放大	将选中的波形数值放大
缩小	将选中的波形数值缩小
恢复	将选中的波形恢复至初始状态(初始位置,初始值)

(续表)

项目	备注
线宽	调整选中波形的线宽
颜色	调整选中波形的颜色
背景色	调整 Waves 的背景颜色
显示时长	调整显示波形窗口的波形时长
图例区	显示/隐藏图例区
图形保持	保持 50 Hz 整数倍的波形

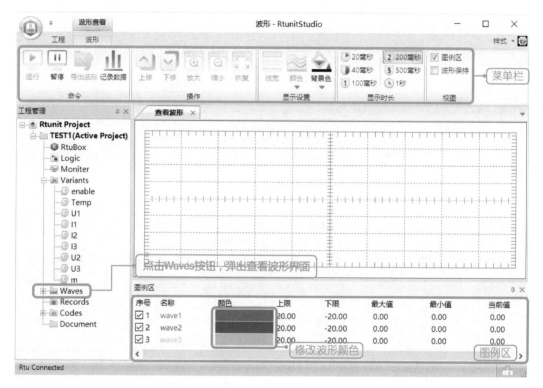

图 B-11　波形观测(1)

图 B-12　波形观测(2)

注意：

(1) 实时波形 Wave 功能每秒记录 2 000 个数据；

(2) 导出波形功能仅保存当前暂停画面的数据；记录数据功能可实时保存所有数据。

8. 查看代码

在 RTULab 中，Logic 模型进行代码生成之后，可以在 RTULab 界面查看生成的代码，如图 B-13 所示。

RTUSmartPE100 底层框架程序和代码生成机制均按照工程实际应用设计，因此生成的代码的可读性强，执行效率高。在程序调试的过程中，如果需要修改程序，有两种方法：

（1）回到 Logic 模型修改，修改完成之后再按照生成代码—编译—下载的流程进行；

（2）在 RTULab 的 Codes 中直接修改 C 语言代码，修改之后保存文件。重新编译—下载即可。

9. 导出

可以将 RTULab 中的整个工程导出至指定位置（.rtu 工程文件），也可以将 Logic 模型导出至指定位置（.slx 算法文件），如图 B-14 所示。

图 B-13 查看代码

图 B-14 导出

10. 导入

可以将完整的工程（工程文件）导入 RTULab，也可以只将 Logic 模型导入（导入算法），如图 B-15 所示。

图 B-15 导入 1

其中，导入算法流程如图 B-16 所示。

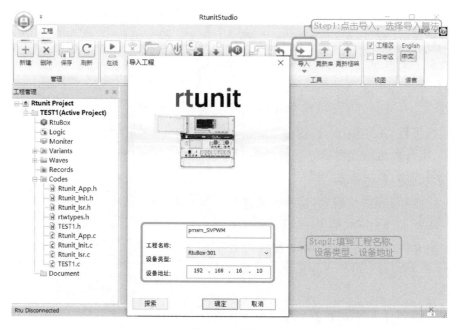

图 B-16　导入 2

11. 更新 Rtunit Toolbox 和更新框架

Rtunit Toolbox 是安装到 Simulink 的模型库，包含 RTUSmartPE100 的硬件接口模型以及一些常用的算法模型。如图 B-17 所示，在 RTULab 菜单栏选择更新库，在弹出的窗口选择 .tool 文件，等待 Matlab Command Window 窗口弹出安装成功的提示。

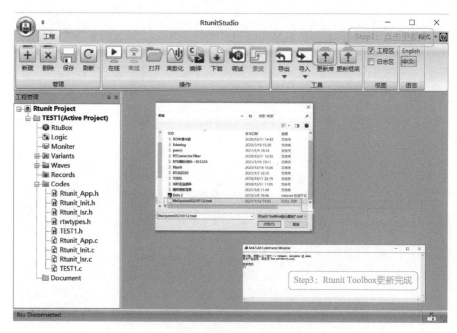

图 B-17　更新 Rtunit Toolbox

框架程序是 RTUSmartPE100 的底层硬件框架和自动生成的 C 语言代码结合组成的完整的工程。随着 Rtunit Toolbox 的更新,框架程序也在更新。如图 B-18 所示,在 RTULab 菜单栏选择更新框架,在弹出的窗口选择.core 文件。

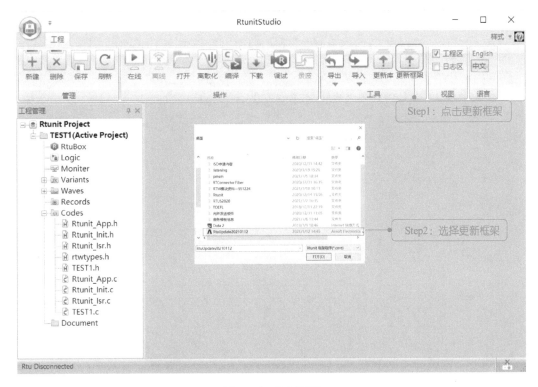

图 B-18 更新框架

二、RTULab Toolbox 功能模块

RTULab Toolbox 是 Rtunit 自主研发,与 RTUSmartPE100 配套使用,集成于 Matlab/Simulink 环境中的功能模块库。RTULab Toolbox 是对 Simulink 工具箱的补充和扩展,提供了 RTUSmartPE100 所有硬件的 Simulink 封装模块。

RTULab Toolbox 安装在 Matlab/Simulink 库中,RTULab Toolbox 中主要包括四种模块:Common Library,Power Electronics,RtuLab,Transformations。其中,RTULab 库是与硬件接口相关的所有模块,用于实现 RTUSmartPE100 的基本功能。本小节简单介绍了实验中可能用到的一些模块。

1. Variable 模块

Variable 模块用于观测/修改工程的变量,双击 Variable 模块可进入模块参数配置界面,如图 B-19 所示。在同一 Logic 模型中,最多支持 256 个 Variable 模块。

Variable 模块参数说明如表 B-2 所示。

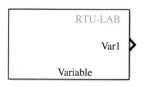

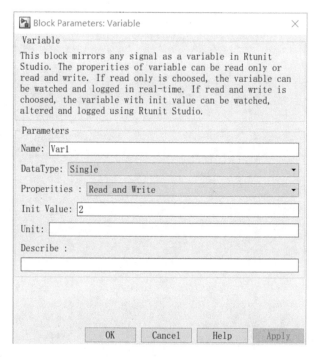

图 B-19　Variable 模块

表 B-2　Variable 模块参数说明

项目	名称	参数说明
Name	变量名	见说明 1
DataType	数据类型	支持包括：Single、Int32、Uint32、Int16、Uint16、Int8、Uint8、Boolean
Properties	变量属性	只读或者可读可写，见说明 2
Init Value	初始值	针对可读写属性
Unit	变量单位	在 RtuLab 中显示，非必须项
Describe	描述	在 RtuLab 中显示，非必须项

说明 1：

在同一个程序中，变量不能重名。变量名可由字母、下划线、阿拉伯数字构成。

说明 2：

只读（Read only）类型的变量只能在 RTULab 中观测值，不能写值。可读可写（Read and Write）类型的变量可以在 RTULab 中写值。

2. WAVE 模块

WAVE 模块用于将 Logic 模型中的变量以波形曲线的方式在 RTULab 中观察,曲线数据的采样率为 2 kHz(每秒采集 2 000 个数值)。WAVE 模块最多支持 8 条曲线。双击 WAVE 模块可进入模块属性界面,如图 B-20 所示。在同一 Logic 模型中,最多使用 1 个 WAVE 模块。

图 B-20　WAVE 模块

WAVE 模块参数说明如表 B-3 所示。

表 B-3　WAVE 模块参数说明

项目	名称	参数说明
The Receiving End	接收终端	数据传至 RTULab/Simulink,见说明
Wave Number	波形数量	选择输入到 WAVE 模块的变量数
Name	波形名称	波形的名称
Max	波形最大值	波形在 RTULab 中显示的上限
Min	波形最小值	波形在 RTULab 中显示的下限

说明:

数据接口选择 Rtunit Studio,则 WAVE 模块数据传输至 RTULab;数据接口选择 Simulink,则 WAVE 模块数据传输至 Simulink,若选择 Simulink 接口,需要与 Tcp2Sim 模块配套使用。

3. WAVE REC 模块

WAVE REC 模块用于将 Logic 模型中需要记录的变量保存在 RTULab 的 Records 图标下,单次记录的数据总量为 80 000。双击 WAVE REC 模块可进入模块属性界面,如图 B-21 所示。同一 Logic 模型中,最多使用一个 WAVE REC 模块。

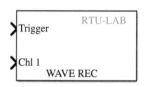

图 B-21　WAVE REC 模块

WAVE REC 模块参数说明如表 B-4 所示。

表 B-4　WAVE REC 模块参数说明

项目	名称	参数说明
Trigger Mode	触发模式	触发模式,见说明 1
Wave Number	录波数量	录波数量,见说明 2
Chl Name	波形名称	波形名称,不能重名
Chl Describe	描述	描述,非必须项
Chl Unit	单位	单位,非必须项

说明 1:

触发模式支持条件触发(Trigger Auto)和手动触发(Rtunit Studio)。条件触发模式需要在输入端口 Trigger 设置触发条件，Trigger 由 0 变为 1 时，启动录波。录波完成后，再次由 0 变为 1，再次启动录波，如图 B-22 所示。

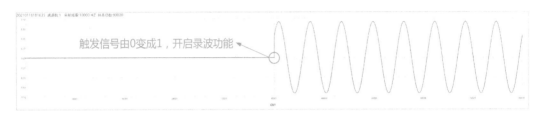

图 B-22　WAVE REC 模块 Trigger Auto 模式

手动触发模式直接在 Rtunit Studio 中按下"录波"按钮即可启动录波，录波完成后可再次启动，如图 B-23 所示。

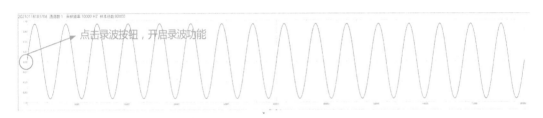

图 B-23　WAVE REC 模块 Rtunit Studio 模式

说明 2：

录波一共支持 8 条波形，数据总量为 8 万点。如果只录 1 条波形，则可录 8 万点。如果同时录制 8 条波形，则每条波形可录制 1 万点。程序运行过程中的每一个点都会被录下来。

4. DO 模块

DO 模块用于将 0/1 数字信号转换为 0/5 V 电压信号输出，DO 模块共有 36 个通道，其中，前 12 个通道可作为 PWM 信号使用，双击 DO 模块可进入模块参数配置界面，如图 B-24 所示。

DO 模块参数说明如表 B-5 所示。

表 B-5　DO 模块参数说明

项目	名称	参数说明
Number of Channels	通道总数选择	选择实际使用的 DO 通道总数
Channel No.	具体的通道	选择实际的转换通道
Use multiple input ports	多通道输入端口	使用多通道端口输入，详见说明

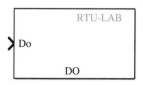

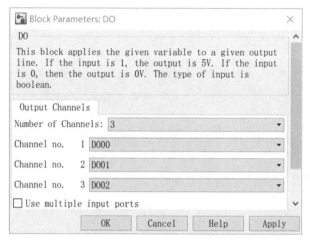

图 B-24　DO 模块

说明：

如果不勾选"Use multiple input ports"，在配置了多通道的情况下，需要配合 Mux 一起使用，如图 B-25 所示：

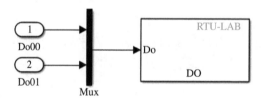

图 B-25　不勾选"Use multiple input ports"的情况

如果勾选"Use multiple input ports"，在配置了多通道的情况下，如图 B-26 所示：

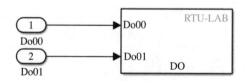

图 B-26　勾选"Use multiple input ports"的情况

5. DI 模块

DI 模块用于将电压信号转化为 boolean 型数据输入，输入信号不超过 5 V。DI 模块共

36 个通道,双击 DI 模块可进入模块参数配置界面,如图 B-27 所示。

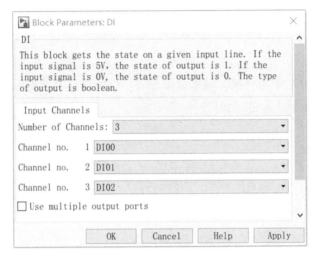

图 B-27　DI 模块

DI 模块参数说明如表 B-6 所示。

表 B-6　DI 模块参数说明

项目	名称	参数说明
Number of Channels	通道总数选择	选择实际使用的 DI 通道总数
Channel No.	具体的通道	选择实际的转换通道
Use multiple output ports	多通道输出端口	使用多通道端口输出,详见说明

说明:

如果不勾选"Use multiple output ports",在配置了多通道的情况下,需要配合 Demux 一起使用,如图 B-28 所示:

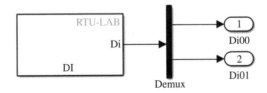

图 B-28　不勾选"Use multiple output ports"的情况

如果勾选"Use multiple output ports",在配置了多通道的情况下,如图 B-29 所示:

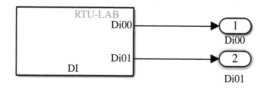

图 B-29　勾选"Use multiple output ports"的情况

6. DAC 模块

DAC 模块用于将数字量转换为模拟量输出,DAC 模块共有 8 路输出端口。双击 DAC 模块可进入模块参数配置界面,如图 B-30 所示。

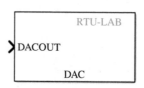

图 B-30　DAC 模块

DAC 模块参数说明如表 B-7 所示。

表 B-7 DAC 模块参数说明

项目	名称	参数说明
Number of conversions	通道总数选择	选择实际使用的 DAC 通道总数
Conversions No.	具体的通道	选择实际的转换通道
Use multiple input ports	多通道输入端口	使用多通道端口输入,详见说明

说明:

如果不勾选"Use multiple input ports",在配置了多通道的情况下,需要配合 Mux 一起使用,如图 B-31 所示:

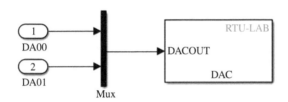

图 B-31 不勾选"Use multiple input ports"的情况

如果勾选"Use multiple input ports",在配置了多通道的情况下,如图 B-32 所示:

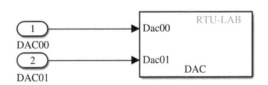

图 B-32 勾选"Use multiple input ports"的情况

7. ADC 模块

ADC 模块的功能是通过采样将模拟量转换为数字量,双击 ADC 模块可进入模块参数配置界面,如图 B-33 所示。

ADC 模块参数说明如表 B-8 所示。

表 B-8 ADC 模块参数说明

项目	名称	参数说明
Number of conversions	采样通道数选择	根据实际情况选择使用的 ADC 通道总数
Conversions No.	具体的采样通道	选择实际的采样通道
Gain Enable	增益使能	增益功能使能,详见说明 1
Use multiple output ports	多通道输出端口	使用多通道端口输出,详见说明 2

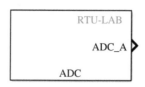

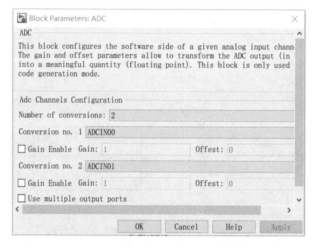

图 B-33　ADC 模块

说明 1：

如果不勾选"Gain Enable"，则采样模块输出的结果 Y 为

$$Y = X \times K$$

注：X 为输入值，K 为外部电路增益系数，具体对应到各实验板上测试点丝印标注。

如果勾选"Gain Enable"，则使能增益功能。Gain 为增益系数，默认为 1；Offset 为偏移量，默认为 0。则此时：

$$Y = \text{Gain} \times (X \times K) + \text{Offset}$$

举个实际使用的例子说明如何通过 Gain 和 Offset 参数的设置，来提高 ADC 采样精度。如图 B-34 所示，外部电路有一路信号 U_{in}，经过信号调理电路的增益系数 K 之后转换成了 U_{out}，然后 U_{out} 信号接到了 ADC 板卡（16 位精度）的 ADCIN00 引脚，因为两个电路需要共地，所以外部电路的 GND 信号也需要接到 ADC 板卡的 GND 引脚。首先将 Gain 设置为 1，在最初外部电路没有加量的情况下，认为 U_{in} 为 0，那转换后输出的结果也应该为 0，但实际由于外部电路中器件的零漂等原因，结果一般不是 0，这时可以通过 Variable 模块读取 ADCIN00 通道输出的结果，假设为 Z，则 Offset 设为 $-Z$。然后，给 U_{in} 一个固定的值，比如 A，若此时通过 Variable 模块读取 ADCIN00 通道输出的结果为 B，代入上述转换关系中，可以得到：

$$\text{Gain} \times K = (B - Z)/A$$

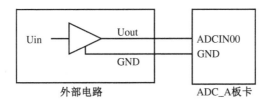

图 B-34　ADC_A 采样精度调整

说明 2：

如果不勾选"Use multiple output ports"，在配置了多通道的情况下，需要配合 Demux 一起使用，如图 B-35 所示：

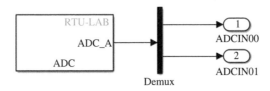

图 B-35　不勾选"Use multiple output ports"的情况

如果勾选"Use multiple output ports"，在配置了多通道的情况下，如图 B-36 所示：

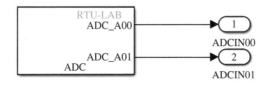

图 B-36　勾选"Use multiple output ports"的情况

8. DSP PWM 模块

DSP PWM 模块是由 DSP 产生的 PWM，共 12 个单元，每个单元输出两路 PWM：A 和 B。A 和 B 通道互补输出。双击 DSP PWM 模块可进入模块参数配置界面，如图 B-37 所示。

注意：针对本书中实验内容，RTUSmartPE100 控制器只引出 4 对 PWM。

DSP PWM 模块参数说明如表 B-9 所示。

表 B-9　DSP PWM 模块参数说明

项目	名称	参数说明
Carrier Frequency	载波频率	频率设置，范围 100 Hz～50 kHz
PWM Channel	PWM 单元	选择使用的 PWM 单元，可选择 1～12 单元

（续表）

项目	名称	参数说明
Counting Mode	计数模式	载波类型有 Sawtooth、Invsawtooth、Triangle3 种，详见说明 1
Dead-time Duration	死区时间	死区时间，单位 μs，详见说明 2
Phase	相位	设置 PWM 信号初始相位，详见说明 3
Enable	使能	详见说明 4
Cmpr	占空比设置	详见说明 5

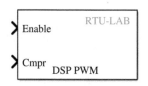

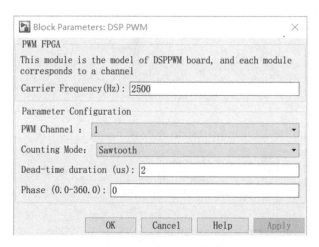

图 B-37　DSP PWM 模块

说明 1：

（1）Sawtooth 载波模式

由图 B-38 所示，计数器 CTR 重复从 0 增计数到 PRD，EPWMxA 和 EPWMxB 互补输出。其中，CMP 为 EPWMA、EPWMB 共用的比较器。在一个载波周期里，当计数器 CTR 的值等于比较器值时，EPWMxA 跳变为低电平，EPWMxB 跳变为高电平；当计数器 CTR 的值等于周期值 PRD 时，EPWMxA 跳变为高电平，EPWMxB 跳变为低电平。

（2）Invsawtooth 载波模式

由图 B-39 所示，计数器 CTR 重复从 PRD 减计数到 0，EPWMxA 与 EPWMxB 互补输出。其中，CMP 为 EPWMA、EPWMB 共用的比较器。在一个载波周期里，当计数器 CTR 的值等于比较器值时，EPWMxA 跳变为高电平，EPWMxB 跳变为低电平；当计数器 CTR 的值等于 0 时，EPWMxA 跳变为低电平，EPWMxB 跳变为高电平。

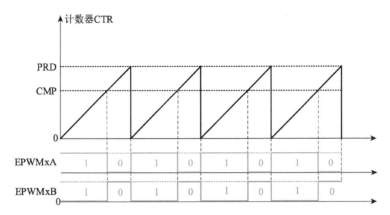

图 B-38 载波：Sawtooth，输出模式：Complimentary Signals Output 发波原理

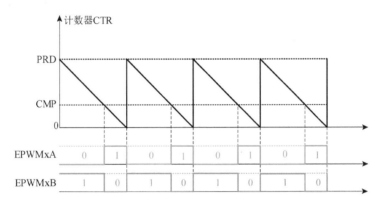

图 B-39 载波：Invsawtooth，输出模式：Complimentary Signal Output 发波原理

（3）Triangle 载波模式

由图 B-40 所示，计数器 CTR 从 0 增计数到 PRD，然后从 PRD 减计数到 0，EPWMxA 和 EPWMxB 互补输出。其中，CMP 为 EPWMA、EPWMB 共同的计数器。在一个载波周期里，当计数器 CTR 的值第一次等于比较器值时，EPWMxA 跳变为低电平，EPWMxB 跳变为高电平；当计数器 CTR 的值第二次等于比较器值时，EPWMxA 跳变为高电平，EPWMxB 跳变为低电平。

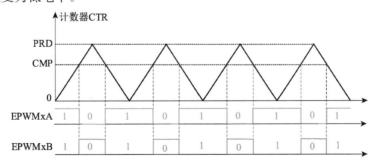

图 B-40 载波：Triangle，输出模式：Complimentary Signal Output 发波原理

说明 2：

当 PWM 互补输出时，需要设置死区时间，死区时间单位为微秒（μs），其示意图如图 B-41 所示。

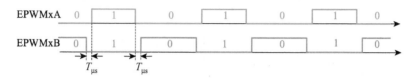

图 B-41　死区时间示意图

说明 3：

相位角度设置是指不同的 EPWM 单元之间载波的相位差，因此产生的 PWM 之间也会有相同的相位差。相位对于不同单元产生的 PWM 的影响如图 B-42 所示，其中，EPWM1 的相位角度为 0，EPWM2 的相位角度为 α。

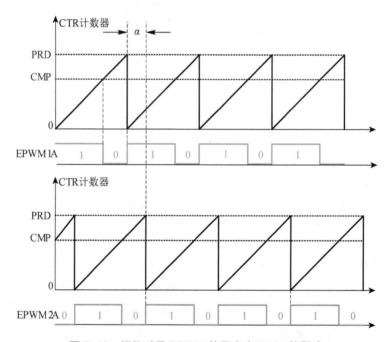

图 B-42　相位对于 EPWM 单元产生 PWM 的影响

说明 4：

和 Variable 模块共同使用，设置占空比，变量范围 0～1，搭建模型示意图如图 B-43 所示。

说明 5：

和 Variable 模块共同使用，用于使能/禁用 EPWM 功能，数据类型：Boolean。搭建模型示意图如图 B-43 所示。

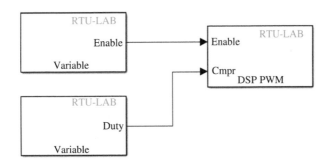

图 B-43　DSP PWM 模块使用示例

9. Thyristor Control 模块

Thyristor Control 模块用于控制晶闸管,双击模块可进入模块参数配置界面,如图 B-44 所示。

图 B-44　Thyristor Control 模块

Thyristor Control 模块参数说明如表 B-10 所示。

表 B-10　Thyristor Control 模块参数说明

项目	名称	参数说明
Control_Mode	控制模型选择	根据实际实验内容选择晶闸管控制模式,共四种,分别为: 1. Single Phase Half Wave Controlled Rectifier(单相半波可控整流器) 2. Single Phase Half Controlled Bridge Rectifier(单相半控桥式整流器) 3. Single Phase Full Wave Controlled Rectifier(单相全波可控整流器) 4. 3-Phase Full Wave Controlled Rectifier(三相全波可控整流器)

10. SYSCFG 模块

SYSCFG 模块用以执行核心控制算法,每一个 Logic 模型打开默认包括一个 SYSCFG 模块。双击 SYSCFG 模块可进入模块参数配置界面,如图 B-45 所示。

图 B-45　SYSCFG 模块

SYSCFG 模块能够以固定的频率来准确地执行程序,因此通常将核心的控制算法放在此模型中。中断频率的设置范围在 1 kHz～50 kHz。

11. Pulse Wave 模块

Pulse Wave 模块用于输出频率、相位、幅值、偏置以及占空比均可设置的方波脉冲。双击 Pulse Wave 模块可进入模块参数设置界面,如图 B-46 所示。Simulink 仿真结果如图 B-47 所示。

Pulse Wave 模块参数说明如表 B-11 所示。

表 B-11　Pulse Wave 模块参数说明

项目	名称	参数说明
Step Time	步进时间	步进时间,建议与控制频率保持一致
Frequency	频率	脉冲频率设置
Phase	相位	脉冲相位设置
Amplitude	幅值	脉冲幅值设置
Bias	偏置	脉冲偏置设置
Duty	占空比	脉冲占空比设置
Data Type	数据类型	数据类型

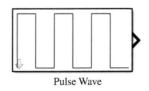

Pulse Wave

```
Block Parameters: Pulse Wave                              ×
─Pulse Wave
Output pulses:

 if (t >= PhaseDelay) && Pulse is on
   Y(t) = Amplitude
 else
    Y(t) = 0
 end

The step time is the Sine wave run cycle .

Parameters
Step Time:
┌────────────────────────────────────────────────┐
│0. 0001                                          │
└────────────────────────────────────────────────┘
Frequency:
┌────────────────────────────────────────────────┐
│50                                               │
└────────────────────────────────────────────────┘
Phase:
┌────────────────────────────────────────────────┐
│0                                                │
└────────────────────────────────────────────────┘
Amplitude:
┌────────────────────────────────────────────────┐
│1                                                │
└────────────────────────────────────────────────┘
Bias:
┌────────────────────────────────────────────────┐
│0                                                │
└────────────────────────────────────────────────┘
Duty:
┌────────────────────────────────────────────────┐
│0. 5                                             │
└────────────────────────────────────────────────┘
Data Type: │ single                              ▾│

         OK      Cancel      Help      Apply
```

图 B-46　Pulse Wave 模块

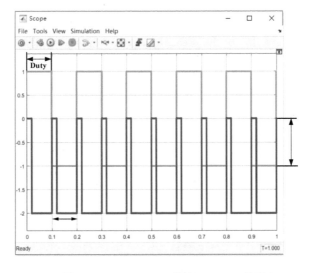

图 B-47　Pulse Wave 模块 Simulink 仿真

12. Sawtooth Wave 模块

Sawtooth Wave 模块用于输出频率可调的锯齿波,双击 Sawtooth Wave 模块可进入模块参数设置界面,如图 B-48 所示。Simulink 仿真结果如图 B-49 所示。Sawtooth Wave 模块参数说明如表 B-12 所示。

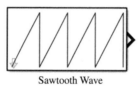

图 B-48 Sawtooth Wave 模块

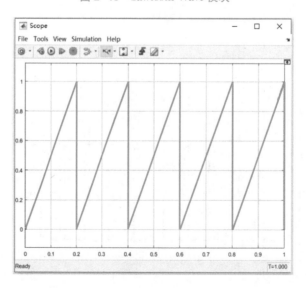

图 B-49 Sawtooth Wave 模块 Simulink 仿真

表 B-12　Sawtooth Wave 模块参数说明

项目	名称	参数说明
Step Time	步进时间	步进时间,建议与控制频率保持一致
Frequency	频率	锯齿波频率设置

13. Sine Wave 模块

Sine Wave 模块用于输出频率、幅值、相位以及偏置均可设置的正弦波。其中,频率、幅值可在线修改,双击 Sine Wave 模块可进入模块参数设置界面,如图 B-50 所示。Simulink 仿真如图 B-51 所示。

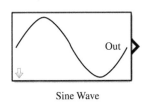

Sine Wave

Block Parameters: Sine Wave ✕

Sine Wave

Output a sine wave:

$$O(t) = Amp*Sin(Freq*t+Phase) + Bias$$

The step time is the Sine wave run cycle .

Parameters

	Source	Value
Frequency:	Dialog	50
Amplitude:	Dialog	1

Step Time:

0.0001

Phase:

0

Bias:

0

Data type: single

OK　　Cancel　　Help　　Apply

图 B-50　Sine Wave 模块

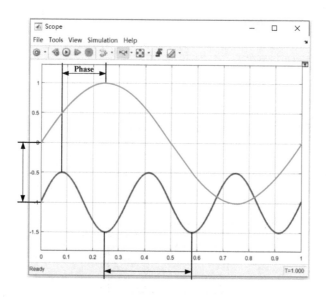

图 B-51　Sine Wave 模块 Simulink 仿真

Sine Wave 模块参数说明如表 B-13 所示。

表 B-13　Sine Wave 模块参数说明

项目	名称	参数说明
Step Time	步进时间	步进时间,建议与控制频率保持一致
Frequency	频率	正弦波频率设置,Input——由 Variable 输入,在 RTUS2023 中可在线调节;Dialog——设置为固定值
Amplitude	幅值	正弦波幅值设置,Input——由 Variable 输入,在 RTUS2023 中可在线调节;Dialog——设置为固定值
Phase	相位	正弦波相位设置
Bias	偏置	正弦波偏置设置
Data type	数据类型	数据类型

14. Triangle Wave 模块

Triangle Wave 模块用于输出频率、相位、幅值、偏置均可设置的三角波脉冲,双击 Triangle Wave 模块可进入模块参数设置界面,如图 B-52 所示。Simulink 仿真结果如图 B-53 所示。

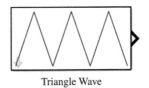

Triangle Wave

Block Parameters: Triangle Wave ✕

Triangle Wave

Output a triangle wave:

Generate a symmetrical triangle wave with peak amplitude

The step time is the Sine wave run cycle .

Parameters

Step Time:

0.0001

Frequency:

50

Phase:

0

Amplitude:

1

Bias:

0

Data type: single

OK　　Cancel　　Help　　Apply

图 B-52　Triangle Wave 模块

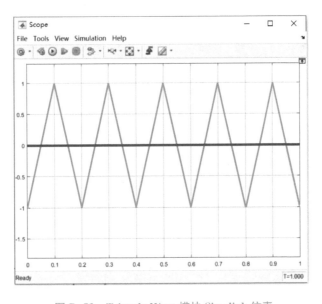

图 B-53　Triangle Wave 模块 Simulink 仿真

Triangle Wave 模块参数说明如表 B-14 所示。

表 B-14　Triangle Wave 模块参数说明

项目	名称	参数说明
Step Time	步进时间	步进时间,建议与控制频率保持一致
Frequency	频率	三角波频率设置
Phase	相位	三角波相位设置
Amplitude	幅值	三角波幅值设置
Bias	偏置	三角波偏置设置
Data type	数据类型	数据类型

测试点信号比例说明

由于 RTUSmartPE100 的模拟量输入范围为±10 V,通常应将电路中的电流、电压采样信号经过调理电路转换至该量程范围内。实验电路板上测试点输出的也是由调理电路转换后的信号,因此用示波器测量其所代表的信号时,应注意测量信号与实际值存在一定的比例关系。

下面我们以实验三"单相桥式全控整流电路实验"的晶闸管电流、电压采样电路为例来介绍各采样信号是如何进行比例转换的(实际比例在电路板上已做丝印标注,本附录只介绍原理)。

1. 电流采样

为了采集晶闸管的电流,在晶闸管 K 极串联一个电流传感器 U_1(器件型号 CC6900SO-10A),如图 C-1 所示,U_1 根据流经原边的电流 I_P 输出一定比例的电压信号,计算公式如式(C-1)所示,即:

$$V_T = 2.5 + 0.2 \times I_T \qquad 式(C-1)$$

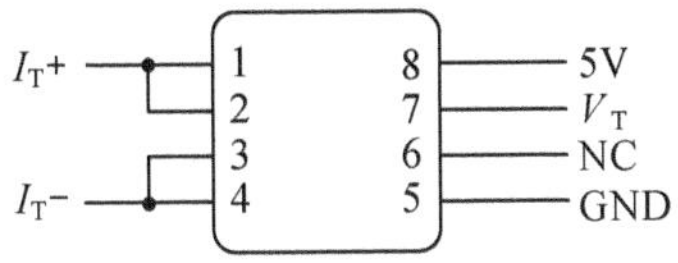

图 C-1 电流传感器

其中:V_T 为传感器输出电压值,单位为 V;I_T 为流过传感器原边的电流值,单位为 A。

通常还需要将传感器的输出信号做进一步处理,图 C-2 显示了一个用差分运算电路调理测量信号的例子。

当 $R_1 = R_3$,$R_2 = R_4$ 时,通过虚短和虚断原理得到图 C-2 中电路输出电压的计算公式为:

$$V_{out} = (V_T - 2.5) \times \frac{R_2}{R_1} \qquad 式(C-2)$$

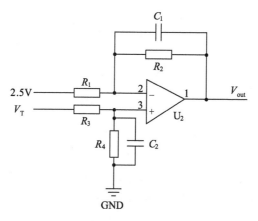

图 C-2　差分运算电路

将式(C-1)代入式(C-2)可得：

$$V_{out} = 0.2 \times I_T \times \frac{R_2}{R_1} \qquad 式(C-3)$$

当取 $R_1 = R_3 = 2\ \text{k}\Omega$，$R_2 = R_4 = 10\ \text{k}\Omega$ 时，晶闸管电流采样信号 V_T（电压信号）和实际晶闸管电流 I_T 的关系式为：

$$V_T = 0.2 \times I_T \times \frac{10}{2} = I_T \qquad 式(C-4)$$

即实验三"单相桥式全控整流电路实验"中晶闸管电流的采样比例为 1 V：1 A，当在测试点用示波器测量到 1 V 电压波形时，代表实际电路的电流为 1 A。

2. 电压采样

将电路中晶闸管两端电压 V_T 加至运算放大器 U_3 输入端，如图 C-3 所示。

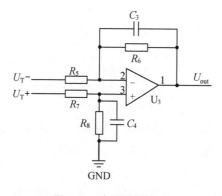

图 C-3　电压采样电路

当 $R_5 = R_7$，$R_6 = R_8$ 时，同样通过虚短和虚断原理得到图 C-3 中电路输出电压的计算公式为：

$$V_{out} = V_T \times \frac{R_6}{R_5} \qquad\qquad 式(C\text{-}5)$$

当取 $R_5 = R_7 = 50\ k\Omega$，$R_6 = R_8 = 5\ k\Omega$ 时，晶闸管电压采样信号 V_{out} 和晶闸管实际电压 V_T 的关系式为：

$$V_{out} = V_T \times \frac{1}{10} \qquad\qquad 式(C\text{-}6)$$

即实验三"单相桥式全控整流电路实验"中晶闸管电压的采样变比为 1 V∶10 V，当在测试点用示波器测量到 1 V 电压波形时，代表电路的实际电压为 10 V。

附录 D

数字万用表测量电压电流操作指南

1. 测量直流电压

用万用表测量直流电压时，先将挡位旋钮旋至直流电压挡，并选择合适的量程。万用表红表笔插入电压测量端口（标注有"V"），黑表笔插入 COM 端口，然后用红黑表笔分别连接待测直流电压的正负两端，如图 D-1 所示，即可测到直流电压的平均值。

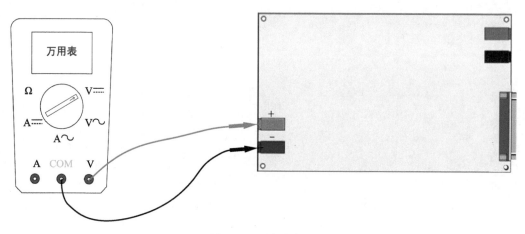

图 D-1　测直流电压

2. 测量交流电压

用万用表测量交流电压时，先将挡位旋钮旋至交流电压挡，并选择合适的量程。万用表红表笔插入电压测量端口（标注有"V"），黑表笔插入 COM 端口，然后用红黑表笔分别连接待测交流电压的两端，如图 D-2 所示，即可测到交流电压的有效值。

3. 测量直流电流

用万用表测量直流电流时，先将挡位旋钮旋至直流电流挡，并选择合适的量程。然后用 RTUSmartPE100 配套的连接线将万用表串联进待测电路，如图 D-3 所示，电流由万用表电流测量端口（标注有"A"）流入，从万用表 COM 端流出，即可测到直流电流的平均值。

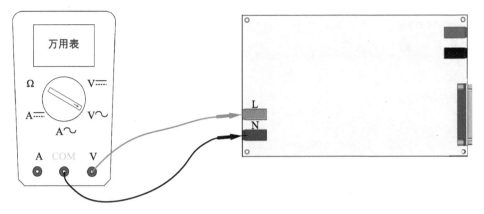

图 D-2　测交流电压

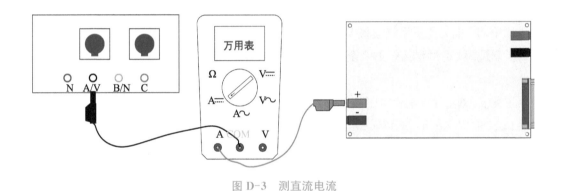

图 D-3　测直流电流

4. 测量交流电流

　　用万用表测量交流电流时,先将挡位旋钮旋至交流电流挡,并选择合适的量程。然后用 RTUSmartPE100 配套的连接线将万用表串联进待测电路,如图 D-4 所示,电流由万用表电流测量端口(标注有"A")流入,从万用表 COM 端流出,即可测到交流电流的有效值。

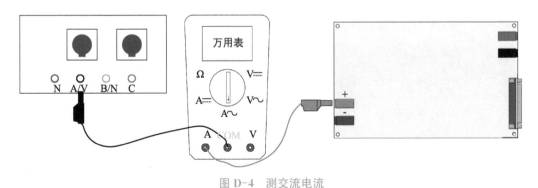

图 D-4　测交流电流

参考文献

［1］阮新波. 电力电子技术［M］. 北京：机械工业出版社，2021.

［2］贺益康，潘再平. 电力电子技术［M］. 3 版. 北京：科学出版社，2019.

［3］徐德鸿. 电力电子系统建模及控制［M］. 北京：机械工业出版社，2006.

［4］阮新波. 脉宽调制 DC/DC 全桥变换器的软开关技术［M］. 2 版. 北京：科学出版社，2018.

［5］王兆安，刘进军. 电力电子技术［M］. 5 版. 北京：机械工业出版社，2018.

［6］Robert W Erickson，Dragan Maksimovic. Fundamentals of power electronics. 2th. Dordrecht：Kluwer Academic Publishers，2001.